ERWIN WAGNER

Praxishandbuch Servicemarketing

ERWIN WAGNER

Praxishandbuch Servicemarketing

So kommen Kunden in die Werkstatt

Bilderquellen

*mdw** Agentur für Marketing im Automobilgeschäft
MEV Bilderverlag, Augsburg
ProMotor, Pressestelle ZDK
Hermann Fachversand, Gummersbach
AUTOHAUS, diverse Beiträge
Prof. Hannes Brachat, Perspektiven 2005–2007
DaimlerBenz, Pressestelle
Autohaus Ostermaier, VW/Audi in Vilsbiburg
Autohaus Podlech, Hattingen
Autohaus Rauch, Hanau
Autohaus Falter, Neustadt/Weinstraße
Autohaus Bartels, Hannover
Autohaus Kunzmann, Aschaffenburg
Autohaus FORD, Wien
Pit-Stop
Fielmann

© 2008 Auto Business Verlag, in der Springer Transport Media GmbH
Neumarkter Straße 18, 81673 München, www.auto-business-shop.de

Springer Transport Media GmbH ist Teil der Fachverlagsgruppe Springer Science+Business Media

1. Auflage 2008
Stand 01/2008

Lektorat: Sarah Weiß
Herstellung: Markus Tröger, Silvia Hollerbach
Innengestaltung und Satz: satz-studio gmbh, Asbach-Bäumenheim
Umschlaggestaltung: Vierthaler+Braun, München
Druck: Kessler Druck+Medien, 86399 Bobingen

ISBN 978-3-89059-161-2

Vorwort

Gedanken zum Servicegeschäft

Seit mehr als zwei Jahrzehnten ist das Geschäft mit Servicedienstleistungen inklusive des Teile- und Zubehörbereichs mein berufliches Metier, das ich als selbständiger Trainer und Berater, mit meiner Marketingagentur für das Automobilgeschäft in Deutschland, Österreich und der Schweiz betreibe. Aber auch die Zeit davor war ich als Marketingleiter einer Mineralölgesellschaft im Werkstattgeschäft „zu Hause" und war deshalb mit der Branche immer eng verbunden.

All die Jahre hinweg habe ich einen fortschrittlichen Wandel erlebt: den rasanten Anstieg der Serviceintervalle zum Beispiel oder aber den faszinierenden technischen Fortschritt der Automobile, der von den Mitarbeitern* der verschiedenen Kfz-Betriebe enorme Anstrengungen abverlangte, um stets „up to date" zu sein. Mit ganz besonderem Respekt blicke ich auf die Serviceberater, die damals zum größten Teil noch als „Reparaturannehmer" fungierten und heute auf der Schwelle vom Serviceberater zum „aktiven Serviceverkäufer" stehen, eine Entwicklung, die noch nicht jeder vollends vollzogen hat. Im gleichen Zeitraum hat die GVO zu entscheidenden Veränderungen geführt, viele Autohäuser bieten nun Service für mehrere Marken an. Diese Strategie führt natürlich zu einer weiteren Verschärfung des Wettbewerbs, weil die Zahl der Serviceanbieter wächst, aber die Anzahl der Zulassungen nicht in gleichem Maße zunimmt. Im Teilegeschäft ergaben sich ebenfalls neue Möglichkeiten in der Beschaffung und die ehemals „freien Werkstätten" haben das „Hinterhof-Schrauber-Image" abgelegt und agieren nun mit zunehmendem Erfolg als moderne „Mehrmarken-Betriebe", meist unter dem Dach von Werkstattkonzeptanbietern im Service-Markt.

Die Branche ist in Bewegung und wird sich auch in Zukunft weiter bewegen. Zu dieser Feststellung passt folgendes Zitat besonders gut:

„Wenn wir wollen, dass alles so bleibt wie es ist, dann ist es nötig, dass sich alles verändert." (Giuseppe Tomasi di Lampedusa)

Der Markt entwickelt sich weiter und die Bedingungen ändern sich laufend. Manche meinen, „das Geschäft wird immer härter". Dem muss man entgegnen, dass es nicht härter wird, sondern nur „anders", als es früher war. So komme ich auch nicht um die Feststellung umhin, dass so manches Autohaus den Wandel im Servicegeschäft nicht voll und ganz erkannt hat und deshalb sogar in Schwierigkeiten geriet, denn eines ist gegenüber früheren Zeiten gleich geblieben: „Das Geld wird nach wie vor im Service verdient!"

---

* Aus Gründen der Lesbarkeit wurde im Folgenden die männliche Form (z. B. Serviceberater) verwendet. Alle personenbezogenen Aussagen gelten jedoch stets für Männer und Frauen gleichermaßen.

Auch wenn zwei Drittel des Umsatzes aus der Neu- und Gebrauchtwagenabteilung stammen, den größten Gewinn wirft das Servicegeschäft ab! Da verwundert es schon, dass man noch viele Autohäuser antrifft, in denen immer noch alle Kräfte im Verkauf gebündelt werden. Gilt doch für die meisten Betriebe sogar die Aussage, dass der Handel vom Aftersalesbereich subventioniert wird, was auch in Zukunft vermutlich so bleiben wird. Wer hat heute noch Fantasien, dass sich in absehbarer Zeit die Margen im Neu- und Gebrauchtwagengeschäft entscheidend verbessern werden? Es ist einfach zu viel „Ware" auf dem Markt, was zwangsläufig Auswirkungen auf die Preislandschaft haben muss. Umso mehr sollte man erwarten, dass innerbetrieblich dem Service vollste Aufmerksamkeit und deren Mitarbeitern eine hohe Wertschätzung entgegengebracht wird. Die Praxis zeigt oft ein gegenteiliges Bild. Noch häufig muss man feststellen, dass zwischen Verkauf und Service nicht die Harmonie, die Gleichstellung in Anerkennung und Ausstattung der Stellen und Personen herrscht, die notwendig wäre, um den kommenden Aufgaben und Herausforderungen gerecht zu werden. Alle Führungskräfte sind aufgefordert an diesem Thema zu arbeiten.

Ein weiterer Aspekt ist, man möge mit mir Nachsicht üben, dass erst jetzt die Rede darauf kommt: Der Kunde! Er entscheidet, in welchem Betrieb er seine Euros ausgibt und: die Kundenzufriedenheit und Treue zum Betrieb wird größtenteils im Service entschieden. Auch ist jedem Leser bewusst, dass die Markentreue beim Wiederkauf auf einer hohen Zufriedenheit mit den Serviceleistungen des bevorzugten Betriebes beruht. Wer also mehr Fahrzeuge verkaufen möchte, muss deshalb eine sowohl hohe fachliche als auch eine bestmöglich emotionale Serviceleistung bieten, die Begegnungsqualität mit den Kunden muss „top" sein und so findet man in mancher Betriebsstätte folgenden Aushang:

„Sie als unser Kunde stellen keine Störung unseres Betriebsverlaufes dar, sondern Sie sind Sinn und Zweck unserer täglichen Arbeit. Ihre Zufriedenheit mit unserer Leistung ist unser Auftrag!"

Nahezu alle Hersteller und Importeure führen deshalb regelmäßig Kundenzufriedenheitsbefragungen (CSI) durch und bei einigen Marken ergeben sich daraus auch monetäre Auswirkungen für den Betrieb. Extern werden dazu noch die in der Branche skeptisch beäugten Werkstatttests der Motor-Fachpresse durchgeführt, die insbesondere die Qualität der Werkstattleistung bewerten. DaimlerBenz-Chef Dieter Zetsche sagt: „Mercedes muss sowohl in der Produktqualität als auch im Service die ‚Nummer 1' sein", viele seiner Kollegen sind der gleichen Auffassung.

Wie gesagt, der Kunde steht mehr denn je im Mittelpunkt. Mit Blick in die Zukunft kann man mit Fug und Recht behaupten, dass das Servicegeschäft der entscheidende Erfolgsfaktor schlechthin sein wird. Die gute, kontinuierlich hohe Werkstattauslastung ist entscheidend für das Überleben am Markt. Dieses Buch soll dazu beitragen, mit klugem Servicemarketing

Ihre Auftragsbücher zu füllen, Ihren Mitarbeitern einen sicheren Arbeitsplatz zu erhalten und Ihrem Betrieb mit ausreichenden Erträgen eine sichere Zukunft zu geben.

Mein Fokus richtet sich dabei vor allem auf die Markenwerkstätten, was aber nicht bedeuten soll, dass nicht auch freie Werkstätten, Mehrmarken-Konzeptbetriebe oder Servicespezialisten von den niedergeschriebenen Gedanken profitieren können. Letztlich zählt aber für alle gleich, dass die notwendige Kraft zur Umsetzung vorhanden ist. Gelesen ist noch nicht getan! Nehmen Sie die Ihnen angenehmen Ideen auf und gestalten Sie sofort die Umsetzung nach dem Motto: **„Der Segen liegt in der Tat!"** Damit dies gut gelingen kann habe ich dieses Buch mit vielen Beispielen aus der Praxis angereichert, so dass ein erfolgreiches Handeln möglich ist.

Mein besonderer Dank gilt an dieser Stelle all den Serviceberatern, Serviceassistenten, Serviceleitern, Werkstattmeistern, Mechanikern und Teile/Zubehörverkäufern, die mir bisher Einblick in ihre tägliche Arbeit gestatteten und mit denen ich in zahllosen Workshops immer wieder etwas dazulernen durfte.

Erwin Wagner BDVT
Passau, im Januar 2008

Freizeichnung
Trotz größter Sorgfalt bei der Erarbeitung der Themen und Darstellung der Beispiele kann weder der Autor noch der Verlag eine Haftung für Fehler, die die Ausführungen beinhalten können und für Nachteile, die entstehen können, wenn Sie als Leser Darstellungen oder Teile davon auf Ihre tatsächlichen geschäftlichen Vorgänge anwenden, übernehmen. Für weitergehende Informationen bieten wir Ihnen gerne die Mail-Adresse des Autors an: erwin.wagner@mdw-wagner.de

Inhaltsverzeichnis

5

Machen Sie Ihre Serviceberater für den Serviceumsatz verantwortlich!

6

Maßnahmen zur Kundenbindung

7

Literaturverzeichnis – lesenswerte Fachbücher

8

Anhang: Nützliches für den Werkstattalltag

1 _ Quo vadis – Servicegeschäft?

Werkstattauslastung – die kurzfristige Betrachtung

Geschäftsjahr 2007! Viele Kfz-Betriebe, vorwiegend Markenwerkstätten, beklagen eine miserable Werkstattauslastung, die seit Jahresbeginn die Hebebühnen leer stehen lässt. So war es aber auch in den Jahren vorher, nur diesmal reichte die Flaute bis in das beginnende Frühjahr hinein. Dazu hat der schnee- und eisarme Winter auch deutliche Bremsspuren im KALA-Geschäft hinterlassen. Was Autofahrer und Versicherungsgesellschaften freut, schreibt den Spenglern und Lackierern rote Zahlen in die Bücher. Nur wirklich und überraschend neu war die Situation nicht. Im Jahr zuvor war die Auslastung im Januar und Februar ebenfalls schlecht – und in den Jahren davor ebenso und es wird vermutlich auch in den kommenden Jahren so sein. Es ist die Frage zu stellen, was von den Serviceverantwortlichen unternommen wurde, um dem drohenden, aber doch bekannten oder zumindest befürchteten Umsatzloch am Jahresanfang entgegenzuwirken. Welche Maßnahmen wurden im Spätherbst davor entwickelt und in die Wege geleitet, so dass die ersten Umsatzwochen im neuen Jahr nicht zum Fiasko gedeihen? Mit welchen Aktionen wollte man gegensteuern? Diese Frage ist auch den Betrieben zu stellen, die zum Anfang des Jahres reihenweise Personal in Zwangsurlaub geschickt haben, weil für sie keine Beschäftigung da war. Warum habt Ihr nicht „agiert"? Warum habt Ihr nichts vorbereitet, damit die Werkstattauslastung eben nicht leidet und Beschäftigung vorhanden ist? Diese Frage brennt unter den Nägeln und mit der Stilllegung von Produktivkapazität ist das Problem nicht zu lösen.

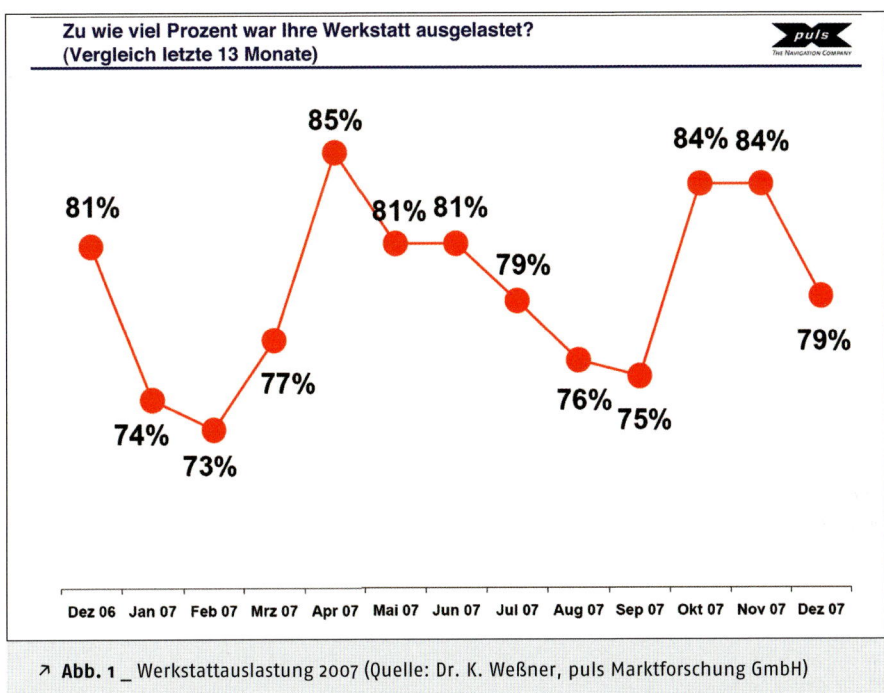

Zu wie viel Prozent war Ihre Werkstatt ausgelastet?
(Vergleich letzte 13 Monate)

↗ **Abb. 1** _ Werkstattauslastung 2007 (Quelle: Dr. K. Weßner, puls Marktforschung GmbH)

Dabei wird allen mehr als deutlich vor Augen geführt, dass die Zeiten, in denen sich die Werkstätten nahezu wie von selbst füllten, vermutlich endgültig vorbei sind. Es ist die Zeit angebrochen, wo wir uns Tag für Tag Gedanken machen müssen, wie wir für den nächsten Arbeitstag genügend AWs verkaufen, damit wir allen Mitarbeitern genügend Beschäftigung anbieten können. Wir müssen ab sofort um jeden AW (Arbeitswert) kämpfen.

1.1 _ Neue personelle Anforderungen an die Serviceleitung

Die Frage ist natürlich die, wer sich um diese Aufgabe kümmern soll? Die Antwort ist einfach: Der Serviceleiter! Seine Aufgabe ist, das Servicegeschäft des Autohauses zum wirtschaftlichen Erfolg zu führen, dazu muss er sowohl die personellen und sachlichen (Werkstattausrüstung) Voraussetzungen schaffen. Dazu ist anzumerken, dass diese Position in vielen Betrieben nicht annähernd der Bedeutung, die sie für das Gesamtergebnis innehat, gerecht wird. Man bemerke: Die Abteilung, welche nicht nur den größten Ertrag für den Gesamtbetrieb abwirft, sondern auch für die Zukunft für das Fortbestehen des Autohauses von höchster Bedeutung ist, wird häufig nicht so professionell geführt wie es erforderlich ist, das heißt die Stelle des Serviceleiters ist nicht adäquat besetzt.

Auszug aus einer Stellenbeschreibung „Serviceleiter" oder „Aftersales-Manager"
Ziel der Stelle
Als AS-Manager[1] sind Sie Mitglied der Führungsmannschaft dieses Betriebes. Sie unterstehen direkt der Geschäftsleitung. Dieser Führungsrolle entspricht Ihr Verantwortungsbereich.

Sie haben dafür Sorge zu tragen, dass sich Ihr Betrieb als bester Kundendienstanbieter im MVG[2] profiliert. Gegenüber Kunden bedeutet das, dass die Zufriedenheit in Bezug auf Instandhaltung, Instandsetzung und Teileversorgung im Mittelpunkt Ihrer Bemühungen stehen muss. Nur so können Sie zwei Verpflichtungen gegenüber Ihrem Betrieb gerecht werden:
a) Das Marktpotenzial für Teile, Zubehör und Werkstattleistungen bestmöglich ausschöpfen und
b) der Verkaufsabteilung die Möglichkeit zu verschaffen, die Kundenzufriedenheit mit dem Kundendienst für Neu- und Gebrauchtwagen für Verkaufsgeschäfte zu nutzen.

Es ist Ihre Aufgabe, dass alle Mitarbeiter die gemeinsam gesteckten Ziele in Bezug auf die Kundenzufriedenheit und die Marktausschöpfung als Aufgabe erkennen und mit entsprechenden Leistungen und entsprechender Qualität für deren Zielerreichung sorgen.

Profilierung, Kundenzufriedenheit, Marktausschöpfung und gemeinsames Arbeiten an der Zielerreichung sind die Grundlage angemessener Deckungsbeiträge, mit denen Ihr Kundendienstbereich zur Erwirtschaftung der Ziele Ihres Unternehmens beiträgt.

Aus diesem allgemeinen Verantwortungsbereich leiten sich Ihre konkreten Hauptaufgaben ab:
• Kundenzufriedenheit sicherstellen.
• Mit der Geschäftsleitung vereinbarte, angemessene Deckungsbeiträge realisieren.
• Markt für Instandhaltungs- und Instandsetzungsarbeiten sowie Teile und Zubehör ausschöpfen.
• Kundenorientierte und ertragsorientierte Führung der Mitarbeiter.
• Nutzen von Kundenkontakten im Kundendienst für den Fahrzeugverkauf.
• Innerbetriebliche Organisation und Prozesse auf Kundenbedürfnisse ausrichten.
• Beachten von Vertriebsrichtlinien sowie Erfüllen von aktuellen Schwerpunktaufgaben zur Sicherstellung eines wettbewerbsüberlegenen Dienstes am Kunden.

[1] Aftersales-Manager
[2] Marktverantwortungsgebiet

Dieser Vorwurf gilt nicht den fleißigen Menschen, die sich tagtäglich in diesem Bereich tapfer schlagen, der Vorwurf gilt den obersten Führungsetagen, die in großer Zahl den Service in der Vergangenheit eher „kurz gehalten" haben. Da gibt es reichlich Beispiele, in denen der Verkaufsleiter im Betrieb dem Serviceleiter nicht nur im Ansehen weit über-legen, sondern auch noch besser ausgestattet ist, das gilt finanziell ebenso wie bei den Nebenleistungen (z. B. Firmenfahrzeuge). Oder es werden Führungs-Meetings abgehalten, zu denen der Serviceleiter regelmäßig nicht eingeladen wird, also von den grundsätz-lichen Entscheidungen des Hauses ausgeschlossen ist. Serviceleiter vertreten bei Urlaub und Krankheit die Kollegen Serviceberater und Lageristen, gar manche helfen noch in der Werkstatt aus. Wir sollten ab sofort anerkennen, dass diese Position im Autohaus eine entscheidende Schlüsselstellung ist, die eine komplette, tatkräftige Führungskraft erfordert. Hier werden die Weichen für die Zukunft gestellt und folgende Fragen müssen beantwortet werden:

- Schafft man eine zufrieden stellende Werkstattauslastung, weil diese fürs Überleben am Markt zwingend erforderlich ist?
- Bewirken die Werbemaßnahmen ein ständiges Hinzugewinnen neuer Kunden, weil man normalerweise Jahr für Jahr zwischen 10 % bis 20 % seiner Kunden verliert?
- Hat man Programme, mit denen man Kunden ans Haus binden kann, das betrifft ins-besondere den sensiblen Bereich der Segment II-Kunden, ohne die eine ausreichende Auslastung des Servicepersonals unmöglich ist?
- Pflegt man eine Kultur des aktiven Serviceverkaufs, mit der die Serviceberater einerseits dem Kunden eine hohe Beratungsqualität bieten und andererseits für das Haus das beste Ergebnis einfahren?
- Verfügt der Service über alle sachlichen, fachlichen Voraussetzungen, so dass man der Marktnachfrage gerecht wird (EDV und Software, Werkstatteinrichtung und -ausstat-tung, moderne Dienstleistungsangebote und aktuelle Produkte)?
- Bietet man allen Kunden einen zuvorkommenden, höflichen Rundum-Service, so dass sichergestellt ist, dass man aus persönlichen Gründen keine Kunden verlieren wird?
- Arbeitet im Service ein Team? Oder verrichten Einzelkämpfer ihren Tagesjob ohne Rück-sichtnahme auf gemeinsame Ziele?
- Sind die Prozesse so organisiert, dass ein Höchstmaß an Effektivität und Effizienz erreicht wird?

Diese Liste könnte man noch weiter fortsetzen, mit diesen wenigen Punkten ist aber die Herausforderung beschrieben, die es zu bewältigen gilt, nämlich diejenige für moderne Serviceleiter. Wer dem Wettbewerb trotzen und für die Zukunft gerüstet sein will, sollte dieser Stelle die notwendige Bedeutung einräumen.

Empfehlung für die Serviceleitung

1. Die Hauptaufgabe des Aftersales-Managers besteht darin, mit Methoden des strategischen Marketings den Kundendienstbereich (Service und Teile) produktiv und ertragsorientiert zu führen.

2. Die Abteilung Service (Werkstatt) und Teile & Zubehör unterstehen fachlich und disziplinarisch dem Aftersales-Manager.

3. Der Aftersales-Manager steht auf der gleichen hierarchischen Ebene wie der Sales-Manager, beide arbeiten kollegial zusammen und berichten direkt an die Geschäftsführung oder Unternehmensleitung.

4. Der Aftersales-Manager trägt im Autohaus die **größte** Gewinnverantwortung. Gleichzeitig liegen in diesem Bereich die Schlüssel zur Erzeugung von dauerhafter Kundenzufriedenheit und Kundenloyalität. Die Stelle ist deshalb mit den dafür notwendigen Instrumenten und Vollmachten auszustatten.

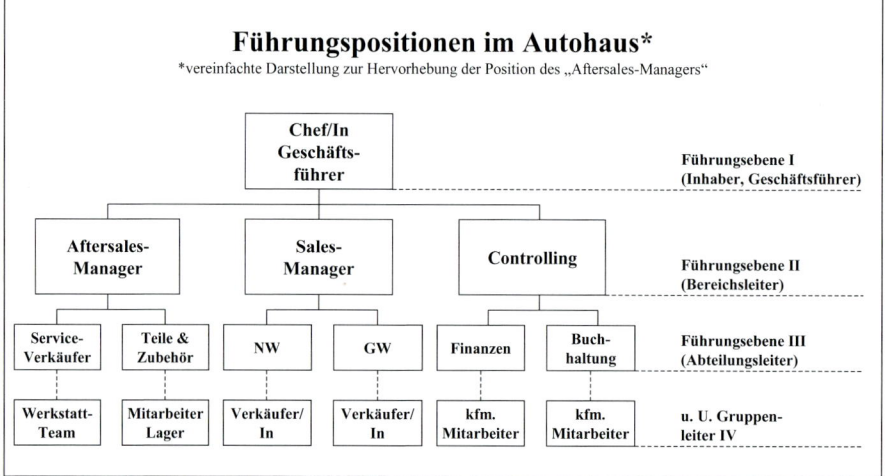

> ↗ **Abb. 2 _** Führungspositionen im Autohaus – der Serviceleitung muss entsprechendes Ansehen und Gewicht eingeräumt werden.

1.2 _ Neue Anforderungen an das Servicepersonal

Nicht nur die Führung muss sich im Servicegeschäft neu aufstellen, ganz besonders gilt diese Forderung auch für das gesamte Service-Team! Von der Serviceassistenz über den Serviceberater bis hin zum Teile- und Zubehörverkäufer. Alle müssen sich den neuen Bedingungen stellen, wobei diese im Prinzip immer noch die alten sind: Es geht um das Thema Freundlichkeit, Zuwendung, Hilfsbereitschaft. Alte Kamellen! Doch jetzt scheint es die aktuelle Situation nicht mehr zu erlauben, dass man sich hier Schwachstellen leistet. Die am meisten geäußerte Ursache, die von den Kunden als Grund für die Abwanderung zu einer Konkurrenzwerkstätte genannt wird, ist immer noch das „Personalproblem"! Eben mangelnde Freundlichkeit, wenig Hilfsbereitschaft, unterlassene Fürsorge und mangelnde Zuwendung (z. B. zeitliche Zuwendung).

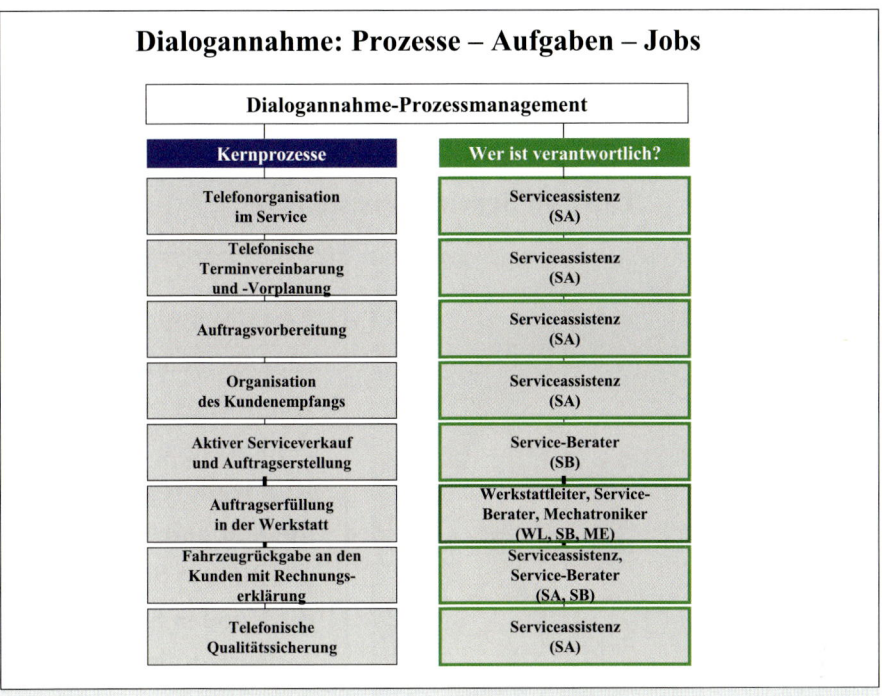

↗ **Abb. 3 _** Prozessdarstellung aus dem Buch „Aktiver Serviceverkauf: Die Dialogannahme in der Praxis"

Die moderne Serviceassistenz

Laut Stellenbeschreibung ist es die „Serviceassistenz"! Im Tagesgeschehen ist diese Stelle aber besser zu beschreiben mit: „Gastgeber", was diese Tätigkeit sehr viel genauer darstellt. Die Assistenz ist nach innen gerichtet, quasi als Helfer des Serviceberaters, der Gastgeber richtet sich nach außen, wendet sich den Kunden zu und genau das wird künftig mehr denn je entscheidend sein. Wie schafft es ein Autohaus dem Kunden einen freundlichen Empfang und angenehmen Aufenthalt zu bereiten? Wie wird die Kundenbegegnungsqualität bestens gestaltet? Dabei ist der Fokus nicht auf den einzelnen Werkstattauftrag allein zu richten, sondern auf das Gesamtbudget, das ein Kunde im Laufe seines volljährigen Lebens im Autohaus ausgibt: Es sind ca. 250.000 € für den Kauf von neuen oder gebrauchten Autos, Serviceleistungen, Teilen und Zubehör. Diese monetäre Größe sollte auch eine Rolle spielen, wenn wir dem Kunden gegenübertreten und uns überlegen, wie viel er von dieser Summe in den kommenden Jahren wohl noch hier im Autohaus lassen könnte. In dieser Rolle hat die Serviceassistenz ihre Aufgabe zu erfüllen, insbesondere das Terminmanagement, das heißt die Terminvereinbarung, Werkstattplanung, die Auftragsvorbereitung und den Kundenempfang. Diese Aufgaben entlasten den Serviceberater und verschaffen ihm so mehr Zeit dafür, gemeinsam mit dem Kunden in der Dialogannahme das Fahrzeug genau zu checken und so nicht nur nach Umsatzchancen Ausschau zu halten, sondern ganz besonders die Kundenzufriedenheit zu fördern.

Top Job Service-Assistent/In

Termin- und Kunden-Management. Herstellung einer erstklassigen Kundenbegegnungsqualität und „Wellness" für die Kunden beim Aufenthalt im Autohaus.

Die „Gastgeberin" und Termin-Managerin

↗ **Abb. 4 _** Eine Serviceassistentin ist in erster Linie „Gastgeberin". Sie ist für die „Wellness" der Kunden im Autohaus verantwortlich, das Lächeln ist Pflicht!

Der moderne Serviceberater oder „Serviceverkäufer"

Viele sträuben sich noch gegen den Begriff „Serviceverkäufer", aber im Prinzip macht ein Serviceberater nichts anderes als Serviceleistungen (Reparatur und Wartung) und Produkte (Teile und Zubehör) zu verkaufen! Wer seinen Job als Serviceberater ausfüllt, ist eben ein Verkäufer! Wer dies noch nicht begriffen hat, ist immer noch „Annehmer" und diese Spezies wird bald aussterben. Nur „annehmen", nur die Kundenwünsche entgegenzu-nehmen oder den Bedarf der Kunden aufzuschreiben, rechtfertigt nicht die Kosten, die man in einen Serviceberater investieren muss, das könnten billigere Kräfte auch tun. Ein moderner Serviceverkäufer rechtfertigt sein Dasein damit, dass er eine hohe emotionale und fachliche Kompetenz aufweist und einen sehr guten Umgang mit den Kunden pflegt, dass er verkauft und dem Kunden mit Rat und Tat zur Seite steht. Dass er dafür sorgt, dass der Kunde bis zum nächsten Termin sauber, sicher, komfortabel und sparsam unterwegs sein kann. Wer mit diesen Worten seine tägliche Aufgabe beschreiben kann, ist ein sehr guter Verkäufer, weil Verkaufen ja nichts anderes bedeutet als **dem Kunden Nutzen und Vorteile zu bieten.** Andererseits ist es so, dass ein unterlassenes Angebot zur Kundenun-zufriedenheit führen kann, sofern beim Kunden unterwegs ein Problem entsteht. Wenn z. B. während einer Autobahnfahrt die Öllampe aufleuchtet und deshalb Nachfüllöl be-nötigt wird, das man dann eben nicht im Kofferraum vorfindet, weil es der Serviceberater unterlassen hat es dem Kunden anzubieten. So muss sich der Kunde mühsam selbst bedie-nen, die nächste Tankstelle ansteuern und sich unter dem vielfältigen Angebot die richtige Sorte für sein Fahrzeug heraussuchen. So führt „unterlassenes Verkaufen" vielleicht sogar zur Kundenunzufriedenheit. Der moderne Serviceberater ist stark verkaufsorientiert, er verkauft Kundennutzen. Dazu noch mehr im Kapitel 4.

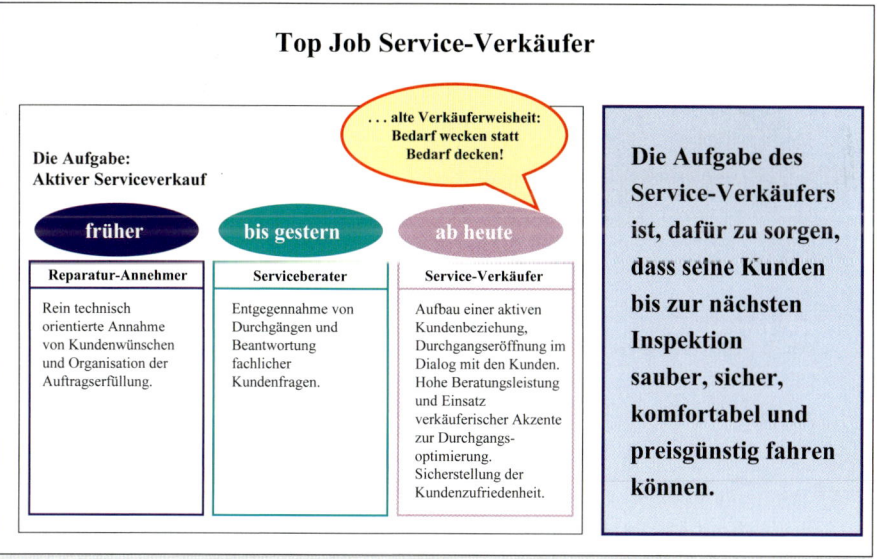

↗ **Abb. 5 _** Vom „Annehmer" zum „Service-Verkäufer": Der Beruf im Wandel der Zeit.

Der moderne Teile- und Zubehörverkäufer

Der Wandel geht im Service-Team Hand in Hand und macht auch vor dem Teilelager nicht halt. Wir brauchen heute keine „Warenaufpasser" mehr, wie es einst Minoru Tominaga genannt hat, sondern aktiv agierende Teile- und Zubehörverkäufer. Wer meint, dass es genügt, dass Ware da ist und im Regal liegt, hat sich getäuscht, das „Rausverkaufen" ist der wichtigere Aspekt. Der Gewinn von morgen liegt heute im Lager, also ist es notwendig den Gewinn zu realisieren. Rausverkaufen bedeutet aber auch den Serviceberater maximal bei der Auftragserstellung in der Dialogannahme zu unterstützen und so für eine rasche Teilebereitstellung zu sorgen, gemeinsam mit dem Service-Team Angebotspakete zu entwickeln, Trends im Zubehörgeschäft zu erkennen und die richtige Ware zur richtigen Zeit zum richtigen Preis zu beschaffen.

Top Job Teile & Zubehör-Verkäufer

Die Aufgabe lautet: Aktives Gestalten von Servicepaketen. Optimaler Teileeinkauf für marktgerechte Preiskalkulation. Verkaufsfördernde Warenpräsentation und effiziente Abläufe unterstützen.

↗ **Abb. 6** _ Das alte „Lager" hat ausgedient. Heute ist eine moderne Teile- und Zubehör-Logistik erforderlich.

Das gesamte Service-Team ist also gefordert nicht nur bestmöglich zusammenzuarbeiten, sondern vor allen Dingen dafür zu sorgen, dass alle Umsatzchancen genutzt werden und das bei gleichzeitiger Steigerung der Kundenzufriedenheit. Dass dies möglich wird, ist wiederum Aufgabe der Serviceleitung: Ein gutes Team zusammenzustellen, das sowohl kundenorientiert als auch umsatz- und ertragsbewusst arbeitet.

↗ **Abb. 7 _** Die moderne Aufgabenbeschreibung im Aftersalesbereich

Die generelle Ausrichtung des Teams muss aber dahingehend erfolgen, dass es eine Verkaufsmannschaft ist! Serviceleistungen, Teile und Zubehör zu verkaufen ist die Aufgabe und damit kein falscher Eindruck entsteht sei der Begriff „Verkaufen" an dieser Stelle gleich so definiert:

„Verkaufen bedeutet **Kundennutzen stiften** – am Ende muss immer der Kunde zufrieden sein! Verkaufen bedeutet, dass man den Kunden bestmöglich berät, wie er bis zur nächsten Inspektion **sicher, sauber, sparsam** und **komfortabel** unterwegs sein kann. Es ist die Pflicht des gesamten Serviceteams alles, was dazu nützlich ist, dem Kunden anzubieten. Unterlässt man das, besteht die Gefahr, dass der Kunde unzufrieden ist, weil wir es versäumt haben ihn umfassend zu informieren und er so Nachteile in Kauf nehmen muss."

Diese Betrachtung sollte man auch unter dem Aspekt der „Werkstattauslastung" sehen. Es ist anzunehmen, dass alleine durch eine konsequente Dialogannahme, zu der Sie im Kapitel 3.4 noch mehr nachlesen können, eine wesentliche Steigerung der Umsätze und der damit verbundenen Unternehmenssicherung bei gleichzeitiger Verbesserung der Kundenzufriedenheit erreicht werden kann. Eine konsequente Dialogannahme meint, dass es das Ziel des Service-Teams ist, so viele Fahrzeuge wie nur möglich auf die Bühne zu bringen, damit der Serviceberater gemeinsam mit dem Kunden „bei dieser Gelegenheit nachsehen kann, ob sonst noch alles in Ordnung ist"! Jeder Fahrzeugcheck birgt die Chance für Lohn- und Teileumsatz in sich.

In diesem Zusammenhang muss man täglich die Frage stellen: Warum war dieses oder jenes Auto nicht auf der Bühne zum Fahrzeug-Check? Warum ließen wir diese Chance ungenutzt? Welchen Umsatz hat unser Haus „liegen lassen" und welchen Vorteil haben wir unseren Kunden damit vorenthalten?

Werkstattauslastung – die langfristige Betrachtung

Seit vielen Jahren werden regelmäßig Prognosen über die Entwicklung des Servicegeschäftes veröffentlicht. Jeder Serviceverantwortliche müsste die Fakten kennen, nämlich die, dass wir je PKW und Kombi in Zukunft kontinuierlich mit immer weniger Arbeit rechnen müssen (siehe Abb. 8).

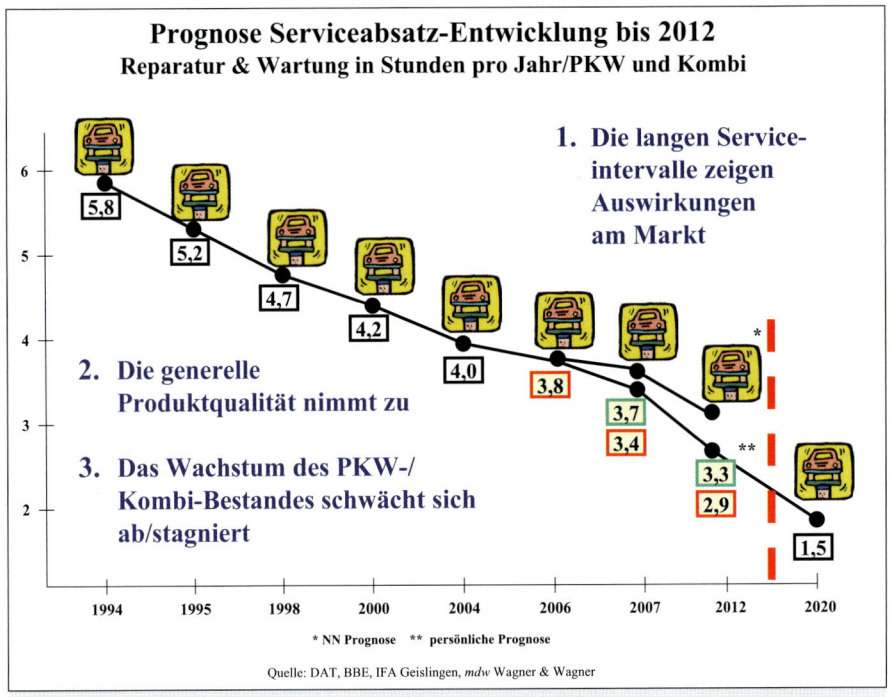

↗ **Abb. 8 _** Die Prognose für Reparatur und Wartung je PKW/Kombi warnt deutlich, dass die Werkstätten in den nächsten Jahren bis zu 25 % an Arbeitswerten pro Jahr und PKW/Kombi verlieren können.

Bei genauer Betrachtung stellt diese Prognose nichts anderes als eine kontinuierliche seit vielen Jahren während Abwärtsentwicklung dar. Manche Leser entsinnen sich vielleicht noch der „goldenen" Zeiten, in denen die Inspektion – zum Beispiel an VW Käfer, Opel Re-

kord oder Fiat 1100 – alle 5.000 km fällig war oder gar der „Abschmierdienst" die Autofahrer noch alle 2.500 km in die Werkstätten trieb. Paradiesische Zeiten im Vergleich zu heute,
wo man manche Fahrzeuge teilweise bis zu 24 Monate nicht mehr zum Service im Autohaus
sieht, sofern nicht ein zwischenzeitlicher Verschleiß-Schaden oder ein Garantiefall zum
außerplanmäßigen Kundenkontakt führt. Die stark verlängerten Service- und Ölwechselin-
tervalle sind eine der Ursachen für den Rückgang der Nachfrage an Werkstattleistungen.
Bei Intervallen von 25.000 Kilometern und mehr – im Verhältnis zur durchschnittlichen,
jährlichen Fahrleistung von ca. 10.000 km – wird deutlich, warum die Nachfrage ständig
sinkt. Umso wichtiger ist es, dass man Service-Programme hat, mit denen man die Kunden
zwischen den Services z. B. zum Sicherheits-Check in die Werkstatt holen kann.

Dazu kommt noch die ständig zunehmende, generell verbesserte Qualität der Fahrzeuge,
verbunden mit einer verlängerten Standzeit der Verschleißteile. Zur sinkenden jährlichen
Fahrleistung kommt jetzt noch hinzu, dass auch das ständige Wachstum des PKW/Kombi-
Bestandes seinen Zenit bald erreicht hat, obwohl noch ein moderater Zuwachs auf rund
47 Millionen Zulassungen im Jahr 2012 erwartet werden kann (2006: 46 Millionen Pkw und
Kombi im Bestand). Dieses Szenario können manche Betriebe so nicht nachvollziehen:
„Unser Servicegeschäft ist die vergangenen Jahre doch ständig gewachsen", sagt ein Ser-
viceleiter aus einem Volkswagen-Betrieb mit stolzem Blick auf seine gegenüber früheren
Jahren jetzt fast doppelt so große Werkstätte.

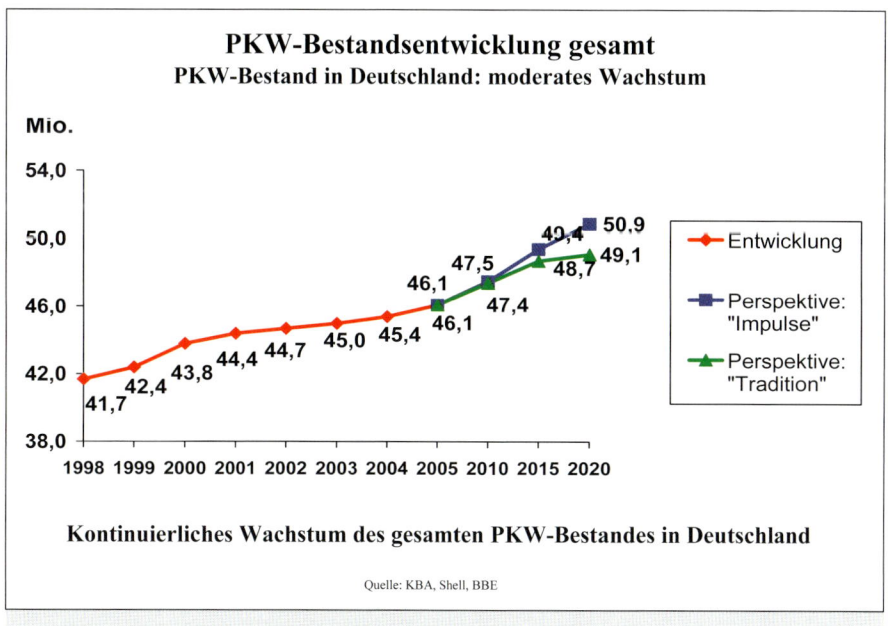

↗ **Abb. 9** _ PKW-Wachstum ohne Ende? Die Marktsättigung wird bald erreicht.

Das stimmt: Das stetige Wachstum der PKW- und Kombifahrzeuge der letzten Jahre (siehe Abb. 9) hat den Rückgang der jährlichen AW-Werte je Fahrzeug mehr als kompensiert und den meisten Betrieben ein teilweise üppiges Service-Wachstum beschert. Nun aber ist die Spitze des Fahrzeugbestandes nahezu erreicht. Rekord-Zuwachszahlen wird es nicht mehr geben, die Bestände werden — sofern die Prognosen der kontinuierlich neu erstellten Shell-Studie eintreffen (vergleiche: Shell-Studie PKW-Szenarien bis 2030) — wenn überhaupt, dann nur noch moderat wachsen. Ergänzend muss man feststellen, dass die Vorhersagen für die Nutzfahrzeugsparte, deren Bestände vom „Trapo" bis zum 40-Tonner innerhalb des nächsten Jahrzehnts noch rund 30 % wachsen sollen, optimistischer sind. Nur, wo wollen diese Fahrzeuge auf dem schon heute überforderten Straßennetz noch Platz finden? Doch gehen wir zurück, dorthin, wo die „kleinen Schraubenschlüssel" gedreht werden, zum Geschäft mit den derzeit rund 46 Millionen PKW und Kombis, die 2006 der Branche noch 83,9 Millionen Wartungs- und Reparaturaufträge (2005: 85,5 Millionen Aufträge; Quelle: DAT-Report 2007) einbrachten. Wie oben beschrieben, sind viele Betriebe im Servicegeschäft in den letzten Jahren gewachsen, obwohl gleichzeitig die Nachfrage je Fahrzeug aber kontinuierlich gesunken ist.

Neben den wachsenden Fahrzeugbeständen, die den Rückgang des Wartungs- und Reparaturaufwandes mehr als kompensierten, hat früher auch die Auftragsart „Garantie" einen großen Beitrag zur Serviceauslastung der Markenbetriebe beigetragen. Bei so mancher Marke wurden teilweise sogar bis zur Hälfte der Werkstatt-Produktivkapazität für Nachbesserungen auf Kosten der Hersteller oder Importeure nach dem Kauf beansprucht. Die damit einhergehenden Imageschäden haben so mancher ehemals stolzen Marke erhebliche Absatzeinbrüche und in Folge dazu deutliche Marktanteilsverluste eingebracht. Den so genannten „Lopez-Effekt" wird sich kein Hersteller mehr leisten können und wollen; zu hart ist der Neuwagenmarkt umkämpft. Ganz im Gegenteil ist es so, dass so manche ehemals „werkstattfreundliche" Fahrzeuge auf einmal zum Klassenprimus in Sachen Qualität zählen und so einerseits den Kunden eine problemlose Fahrt zwischen den Serviceintervallen ermöglichen, andererseits aber dem Werkstattbetrieb die Sorgenfalten ins Gesicht zeichnen. Letztlich ist die Garantiearbeit auch eine Einnahmequelle, die nicht unerheblich zur Kostendeckung beiträgt. Kein Hersteller wird sich weiterer Qualitätskapriolen, wie man sie in den vergangenen Jahren erlebt hat, hingeben. Dafür ist der Wettbewerb zu hart und die Kostenrechner bei den Autofabriken werden diese Dimension der Garantieabrechnungen nicht mehr akzeptieren wollen. So haben nahezu alle betroffenen Fabrikate massive Qualitätsoffensiven angekündigt. Jeder Betrieb sollte deshalb seine heutige und künftige Produktivkapazität auch unter diesem Aspekt kritisch betrachten. Man kann also davon ausgehen, dass die Garantiefall-Rekordmarken früherer Jahre nicht mehr erreicht werden.

Ein weiterer, anderer Grund dafür, dass ein Rückgang des Werkstattgeschäfts von einzelnen Betrieben nicht wahrgenommen wurde, ist auch der, dass die Branche von 2000 bis

2006 rund 7.000 Betriebe samt ihren Hebebühnen – sprich Arbeitsplätze – verloren hat. Der Verdrängungs- oder Vernichtungswettbewerb ist voll im Gange: Was ein Betrieb dazu gewinnt, wird ein anderer verlieren und im schlimmsten Fall zur Aufgabe der Geschäfts- tätigkeit gezwungen sein. Auch hier ist das Ende des Weges noch lange nicht erreicht. Die Branche steckt mitten im Strukturwandel und am Ende dieses Jahrzehnts werden viele weitere Betriebe das „Handtuch geworfen" haben, so wie es bei einer Aufgabe des Kampfes im Boxsport geschieht. Und so werden auch künftig die Überlebenden von denen profitieren, die aus dem Markt ausscheiden. Die Frage, die heute zu stellen ist, ist die, wen es treffen wird. Man muss kein Hellseher sein, um festzustellen, dass diejenigen, die im Service-Marketing aktiv sind – für die der „aktive Serviceverkauf" kein Fremdwort ist, die lächeln können, wenn ein Kunde ins Haus kommt und zudem im Team gut zusammenar- beiten – diejenigen sein werden, die auch in fünf oder zehn Jahren noch am Markt sind und im Service auch weiter gutes Geld verdienen werden.

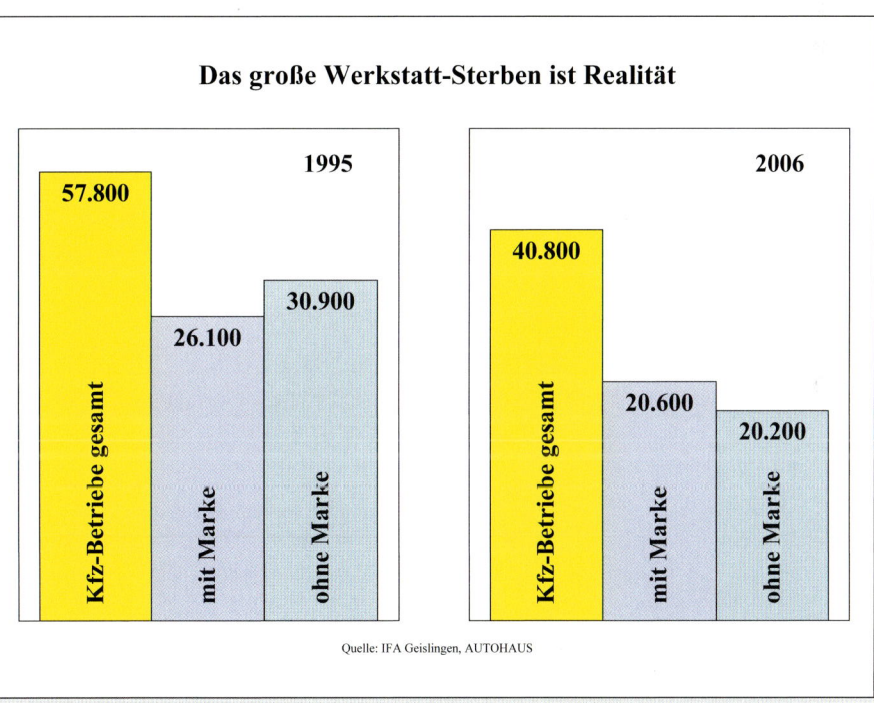

Das große Werkstatt-Sterben ist Realität

Quelle: IFA Geislingen, AUTOHAUS

↗ **Abb. 10** _ Das Werkstatt-Sterben hält an. Im Zeitraum 2000 bis 2006 mussten 7.000 Betriebe – je zur Hälfte Marken- und freie Werkstätten – schließen. Seit 1995 sind es 17.000 Betriebsstätten. Der Trend wird weitergehen, dazu werden auch viele Markenbetriebe mangels Betriebsnachfolge von anderen, meist großen Kettenbetrieben übernommen werden.

Der Service subventioniert den Handel

Viele Betriebsvergleiche führen zur Erkenntnis, dass der Service den Handel subventioniert. Nur wenige Markenbetriebe schaffen es, mit dem Verkauf von Neu- und Gebrauchtwagen einen Betriebsgewinn zu erwirtschaften. Aber die Erträge aus dem „Kundendienst" mit einem relativen DB III (Deckungsbeitrag, Gewinn vor Steuern) um 20 % plus X führen dazu, dass der Gesamtbetrieb doch noch schwarze Zahlen erwirtschaftet (durchschnittliche Umsatzrendite 2007: unter „ein" Prozent). Gegen das Prinzip der Quersubvention ist nichts einzuwenden, in vielen anderen Branchen finden wir eine ähnliche Situation; denken Sie nur an die extrem preiswerten Drucker, aber schauen Sie einmal auf die Preise der Farbpatronen! Gefährlich wird es aber, wenn die Ertragskraft des Subventionsgebers nachlässt, so wie es im Werkstattgeschäft der Zukunft zu befürchten ist! So manches Autohaus ist auf einer höchst gefährlichen Gratwanderung unterwegs. Bald werden aufgrund der rückläufigen Auslastung nicht mehr genug Mittel zur Verfügung stehen, um das Gesamtgeschäft positiv darzustellen und so muss man dann folgendem Zitat die ungeteilte Aufmerksamkeit schenken:

„Das Servicegeschäft kann künftig seiner Rolle als Insolvenzverhinderer nicht mehr nachkommen."
(Quelle: Prof. W. Diez, IFA Geislingen)

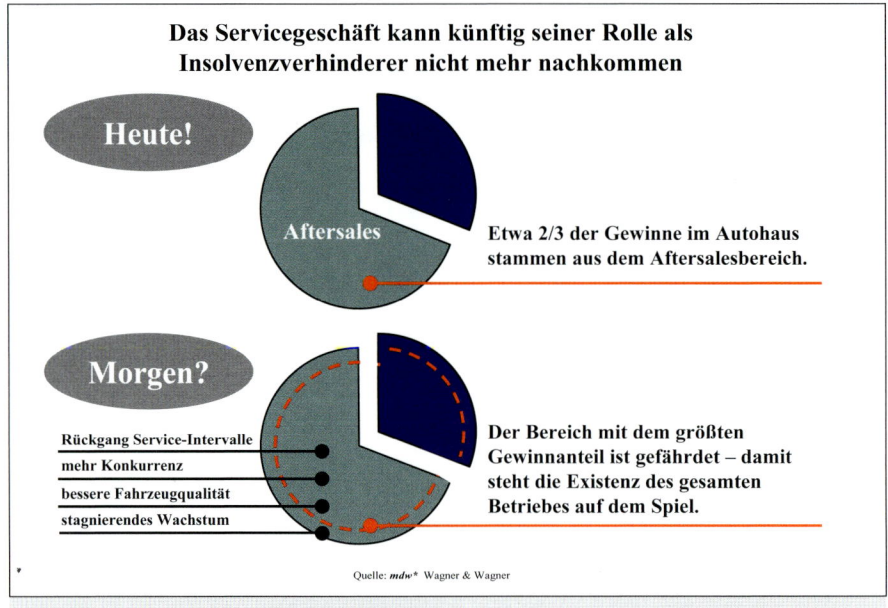

↗ **Abb. 11** _ Die Abteilung, die den größten Gewinn abwirft, leidet unter Schwund. Die Gefahr besteht, dass sich die Entwicklung negativ auf das ganze Unternehmen ausweitet.

Zukunftsprognosen für den Service und die damit verbundenen betriebswirtschaftlichen Auswirkungen

Es gibt für die Werkstätten nur eine große Herausforderung und die heißt: Die augenblickliche Produktivitätskapazität quantitativ und qualitativ halten – oder sogar weiter ausbauen. Jeder Rückgang wirft schwere Schatten auf das Ergebnis. In Abbildung 12 ist eine Modellrechnung dargestellt, wie sie jede Führungskraft für ihren Betrieb anstellen müsste. In der Abbildung sehen Sie die linke Spalte (Beispiel), in der einige marktübliche Parameter des Servicegeschäfts dargestellt sind:

- zurzeit knapp vier Stunden Wartungs- und Reparaturbedarf je PKW und Kombi pro Jahr
- durchschnittlicher Stundenverrechnungssatz netto – 65,- € (Mechanik)
- Rechnungsbeispiel für einen Betrieb mit zwei Serviceberatern mit je zehn Durchgängen (Premium-Marke) am Tag – macht komplett rund 4.500 Durchgänge p. a.
- Gewinn vor Steuern im Bereich 0,5 % bis 1,5 % Umsatzrendite – dieser Wert gilt für den Gesamtbetrieb inklusive aller Abteilungsergebnisse

Szenario Zukunftssicherung des Servicegeschäfts

Beispiel	IST	Szenario 2012/2015	
4,0 Std. p. a. je PKW	2,5 Std. je Durchgang	- 25 % 1,9 Std. je Durchgang	
∅ Std.-V.-Satz 65 € netto	162,50 € Lohnumsatz	123,50 € Lohnumsatz (Preis-/Kostenentwicklung neutralisiert sich)	
Beispielbetrieb 2 SB / 20 DG/Tag / 4.500 DG/Jahr	730.000 € Umsatz	556.000 €	- 174.000 € Umsatz - 121.800 € DB I
Gesamtgewinn 0,5 % - 1,5 %	ca. 150.000 € (im Durchschnitt!!)	?	

↗ **Abb. 12** _ Mit den Vorgaben aus den Serviceprognosen kann man die Zukunft seines Betriebes berechnen (Quelle: mdw* Wagner & Wagner).

Jeder mag für sich die Zahlen einsetzen, die für den Betrieb zutreffend sind. Dies ist keine Vorgabe, sondern nur ein Beispiel!

IST-Situation heute

In der mittleren Spalte (IST) finden Sie die Beispielrechnung für einen Musterbetrieb. Die Parameter lauten:

- 2,5 Stunden oder 30 AW je Durchgang erlösen 162,50 € je Durchgang an Lohnumsatz
- zwei Serviceberater bringen auf dieser Basis bei 4.500 Durchgängen pro Jahr 730.000 € Lohnumsatz (zuzüglich Teile!)
- der Beispielbetrieb hat einen Gesamtgewinn von 150.000 € (aus allen Abteilungen)

Szenario 2012/2015

Als nächste Betrachtung setzen wir die Werte ein, die uns die Prognosen für 2012 bis 2015 vorgeben und betrachten das Ergebnis unter dieser Prämisse:

- Bei einem Rückgang der Nachfrage um bis zu 25 % bei Reparatur und Wartung verkaufen wir nur noch 1,9 Stunden je Durchgang.
- Das bringt einen Lohnumsatz je Durchgang (bei der Annahme, dass man Lohn- und Preissteigerungen neutral betrachtet) von nur noch 125,50 € und der Gesamtumsatz für Löhne sinkt auf 556.000 € pro Jahr.
- Es fehlen also 174.000 € Lohnumsatz – oder rund 121.800 € DB I (DB I definiert mit 70 % in Bezug auf die Umsatzerlöse aus der Lohnberechnung).
- In diesem Szenario wird also der aktuelle Gesamtgewinn des Hauses eliminiert.

Diese Rechnung sollte Grundlage für die Serviceplanung der nächsten Jahre sein. Natürlich wird der Auslastungsrückgang nicht linear auf alle Betriebe so ausfallen. Durch die Schließung unrentabel werdender Werkstätten wird der Bedarf auf andere Betriebe gelenkt werden, so dass diejenigen Kunden mit ihren Fahrzeugen, die ihren Servicebetrieb nicht mehr aufsuchen, sich auf andere Häuser (Markenbetriebe oder Fast-Fit-Anbieter) verteilen werden. Das bedeutet, dass die „Überlebenden" weniger stark schrumpfen oder vielleicht sogar hinzugewinnen können. Folgende Rückschlüsse sind aus diesen Tatsachen zu ziehen:

- Mit aller Kraft und mit allen Mitteln muss dafür gesorgt werden, dass alle Chancen für jede verkaufte AW und für jeden Euro Teileumsatz genutzt werden.
- Der Markt muss systematisch und mit voller Kraft bearbeitet werden, so dass man von den Kunden als attraktiver Servicebetrieb wahrgenommen wird.
- Ziele müssen gesetzt und umgesetzt werden. Mit einem zeitnahen Controlling muss das Servicegeschäft zum Erfolg geführt werden.

Es gibt noch weitere Denksportaufgaben in diesem Szenario: Heute macht ein Mechaniker im Durchschnitt etwa drei Durchgänge (plus ein wenig Expressarbeit) pro Tag. Beim prognostizierten Rückgang des Serviceaufwands je Fahrzeug müssen die Monteure schon bald vier Durchgänge am Tag schaffen. Das bedeutet nicht nur vier Mal auf- und abrüsten, vier Mal Teile holen usw., verbunden mit dem damit einhergehenden Produktivitätsverlust, sondern man benötigt auch rund 25 % mehr Abstellplätze für die Kundenfahrzeuge. Das Back-Office muss ein Viertel mehr Aufträge bewältigen und letztlich müssen auch viel mehr Termine vereinbart, Kunden empfangen, Rechnungen gestellt und Kunden zum Abschied die Rechnung erklärt werden. Packen wir es zügig an – beginnen wir jetzt schon die Prozesse zu straffen, damit wir diese neuen Herausforderungen bewältigen können.

Der Abbau von Produktivkräften ist keine Lösung

Für alle die es gerne bildhaft wollen, hier eine Darstellung eines Betriebes (Abb. 13), der jetzt gerade zehn Monteure beschäftigt, dazu fünf unproduktive Kräfte. 2012 können bei Eintreffen der Prognosen vermutlich nur noch acht Monteure ausgelastet werden, zwei Kollegen sind also zu viel an Bord und werden entlassen. Das bewirkt, dass die variablen Kosten reduziert werden, aber: Die Fixkosten bleiben und bewirken, dass man die Stundenverrechnungssätze neu kalkulieren und diese so auf weniger Arbeitsplätze verteilen muss und damit um eine Erhöhung der AW-Preise nicht umhin kommt. Damit wird die Leistung teurer und vermutlich wird das Haus damit am Markt im Preiskampf um die Kunden ein Stück weniger attraktiv! Eine derartige Entwicklung ist also um jeden Preis zu verhindern. Serviceauslastung heißt die Devise für die Zukunft.

↗ **Abb. 13** _ Wenn man die aktuelle Prognose für einen Betrieb mit zehn produktiven und fünf unproduktiven Kräften hochrechnet, so haben Sie in fünf Jahren für zwei Monteure und eine unproduktive Kraft keine Beschäftigung mehr.

! Jede Aktivität im Service-Marketing sichert Arbeitsplätze im Autohaus!

Weitere Prognosen für das Servicegeschäft

Was sonst noch alles auf die Branche zukommt und was Sie heute schon wissen müssen, damit Sie jetzt agieren können, finden Sie in knapper Form in Abbildung 14.

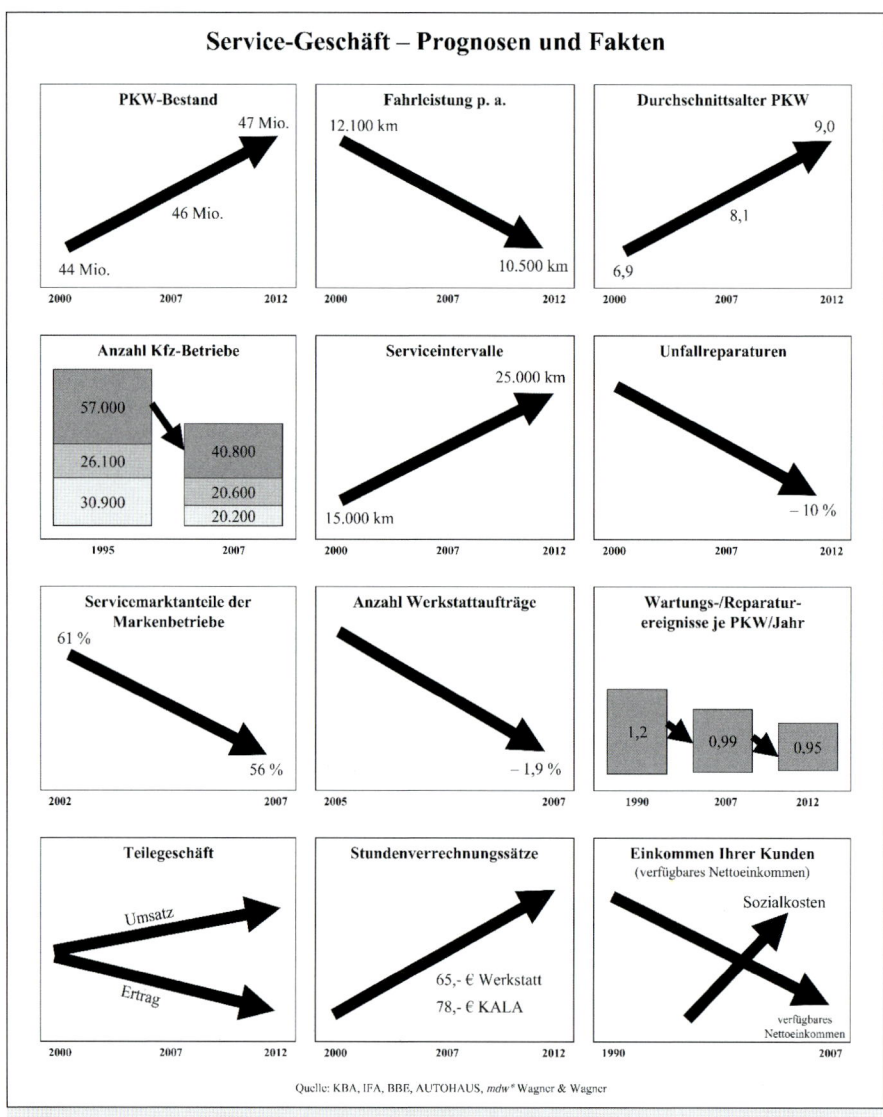

↗ **Abb. 14** _ Zukunft Service – aktuelle Prognosen. Die ständige Marktentwicklung verfolgt man am besten in der Berichterstattung des Fachmagazins AUTOHAUS.

Fazit zum Thema „Zukunft Service"

- Der Wettbewerb verschärft sich weiter, die Bedingungen ändern sich ständig und nichts bleibt so wie es war.
- Das Autohaus-Sterben geht weiter und viele Betriebe werden unter das Dach einer Kette eingegliedert.
- Es muss künftig um jeden Arbeitswert und um jede Glühbirne gekämpft werden, das muss jedem Mitarbeiter im Betrieb klar sein.
- Der Kunde entscheidet, wo er die Serviceleistungen für seinen Wagen einkauft, man muss sich also täglich darüber Gedanken machen, ob man für seine Kunden tatsächlich der beste Anbieter mit dem überzeugendsten Angebot ist.
- Die Serviceabteilung muss intern im Autohaus seiner Bedeutung entsprechend Beachtung finden.

! „Werkstattauslastung ist primär eine Frage der handelnden Personen."
(Prof. Hannes Brachat)

2 _ Der Service-Wettbewerb verschärft sich weiter

Vor nicht allzu langer Zeit war im Servicegeschäft noch alles in bester Ordnung: Die Markenbetriebe dominierten im Wartungs- und Reparaturgeschäft, dazu gab es zwar viele so genannte „freie Werkstätten", von denen aber nur wenige den etablierten Markenwerkstätten Paroli bieten konnten. Das „Hinterhof-Schrauber-Milieu" prägte weitgehend deren Image. Davon kann heute keine Rede mehr sein. Zum einen gibt es fast genauso viele nicht markengebundene Betriebe wie Markenbetriebe, die zum anderen auch auf einem völlig anderen Qualitäts- und Image-Niveau agieren als früher (siebe Abb. 1).

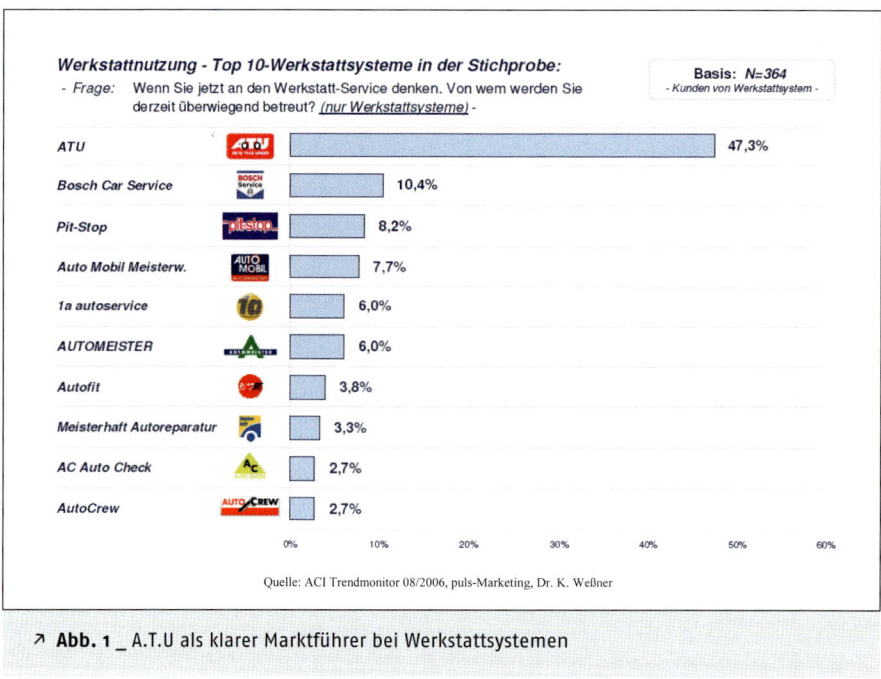

Werkstattnutzung - Top 10-Werkstattsysteme in der Stichprobe:
- *Frage:* Wenn Sie jetzt an den Werkstatt-Service denken. Von wem werden Sie derzeit überwiegend betreut? *(nur Werkstattsysteme)* -

Basis: *N=364*
- *Kunden von Werkstattsystem* -

ATU		47,3%
Bosch Car Service		10,4%
Pit-Stop		8,2%
Auto Mobil Meisterw.		7,7%
1a autoservice		6,0%
AUTOMEISTER		6,0%
Autofit		3,8%
Meisterhaft Autoreparatur		3,3%
AC Auto Check		2,7%
AutoCrew		2,7%

Quelle: ACI Trendmonitor 08/2006, puls-Marketing, Dr. K. Weßner

↗ **Abb. 1 _** A.T.U als klarer Marktführer bei Werkstattsystemen

Vor allen Dingen haben sich die meisten „Freien" einem der zahlreichen Werkstattkonzepte angeschlossen und präsentieren sich so in einem völlig anderen modernen, kompetenten und vertrauensbildenden Outfit. Man kann hier von einer neuen „Service-Macht" sprechen. Hinter den Konzeptanbietern stecken häufig milliardenschwere Konzerne wie z. B. Bosch oder aber starke Handelsgruppen wie z. B. Stahlgruber, die ihre komplette Professionalität, begonnen bei der Bereitstellung der technischen Unterstützung – als Beispiel mag die geniale Software „Centro Digital" dienen, die den „1A–Konzeptpartnern" (aber auch anderen interessanten Betrieben) für ein geringes Entgelt zur Verfügung steht – über die täglich mehrfache Teilelieferung bis hin zu wirksamen Werbekonzepten wie der Bereitstellung von Verkaufsförderungsmitteln und bundesweiter Werbung in allen Medien, seinen Lizenzbetrieben zu Gute kommen lassen. Schon heute ist es so, dass man sich deshalb als „freier" Betrieb ohne Konzeptanbindung nur noch schwer am Markt behaupten kann. Gerade die Werbekraft dieser Anbieter hat mittlerweile zu deren Kommunikationsführerschaft in Sachen Serviceangebote geführt, nur wenige Automobilhersteller inklusive dem Marktführer Volkswagen vermögen hier etwas Adäquates entgegenzusetzen. Dagegen ist auch die regelmäßige Zeitungsbeilage für Segment II/III-Angebote von VW – mit einer Auflage von 12 Millionen Exemplaren – nur ein laues Lüftchen im Werbegetöse zwischen Bosch, A.T.U und anderen „big playern" am Markt.

A.T.U – Feindbild oder Vorbild?

Mit mehr als fünf Prozent Marktanteil bei rund 600 Betrieben und mit einer Umsatzrendite von 11 % (Quelle: *auto motor und sport* 13/2007), ist A.T.U in Deutschland eine feste Größe im Servicemarkt und expandiert dazu in vielen europäischen Ländern. Wer die Anfänge des Firmengründers Unger kennt, der Mitte der 70er Jahre in einem kleinen Reifen- und Zubehörgeschäft in Weiden (damaliges Zonenrandgebiet genannt) am Ausgang seines Ladens noch persönlich die mechanische Kasse bediente und seine Kunden mit einem freundlichen „bitte empfehlen Sie uns weiter" verabschiedete, kann vor der Entwicklung dieses Unternehmens innerhalb von drei Jahrzehnten nur den Hut ziehen. Anfang dieses Jahrzehnts trennte sich Unger von seinem zum Imperium angewachsenen Geschäft. Nach einem kurzen Gastspiel britischer Inhaber haben nun US-Investoren das Sagen! Was uns interessieren sollte ist, wie ein Unternehmen im Automobil-Service in relativ kurzer Zeit derartig stark wachsen kann. Und was wichtig ist: A.T.U wächst weiter. Und das in einem sinkenden Markt! Die Anzahl der Standorte nimmt ebenfalls zu, genau wie der Umsatz und die Zahl der dort Beschäftigten! Argwöhnisch blicken viele Betriebe auf „Auto Teile Unger", gar mancher beschimpft den Konkurrenten und unterstellt üble Machenschaften. Grundsätzlich aber muss man diesem Wettbewerber Anerkennung zollen, auch wenn er einem vielleicht unliebsam ins Handwerk pfuscht. Wachstum kommt nicht als milde Gabe vom Himmel, Wachstum bringen die Kunden in die Kassen der Unternehmen und dazu muss man die Kundenbedürfnisse genau kennen und darauf abgestimmt Leistungen anbieten (Paragraph „1" im Marketing!). Statt zu lamentieren sei empfohlen, mal ganz genau hinzusehen, was „die" da so treiben. Diese Empfehlung geht an jeden Serviceverantwortlichen oder Serviceberater! Hand aufs Herz, wer war schon mal als „Mystery-Kunde" bei A.T.U, um sich dort einen genauen, persönlichen Eindruck zu verschaffen oder wer besucht wenigstens alle zwei Wochen www.atu.de? Auch so kann man „online" viel erfahren, manche könnten dort auch sehr viel lernen, nämlich wie heute Servicemarketing funktioniert! Lassen wir Karsten Engel, den ehemaligen Geschäftsführer von A.T.U (mittlerweile im

November 2007 ausgeschieden), in Auszügen aus einem Interview selbst sprechen, das am 11. September 2006 im angesehenen Magazin „Wirtschaftswoche" veröffentlicht wurde:

„Wir sind im vergangenen Jahr um mehr als 6 % gewachsen, das werden wir auch 2006 wieder schaffen. Ich gehe davon aus, dass wir auch in diesem Jahr ein Rekordergebnis schreiben. (...) Wir haben einige relativ junge Geschäftsbereiche, die extrem gut laufen. Zum Beispiel das Autoglasgeschäft: Wir sind beispielsweise für den Austausch der Scheiben aller Post- und ADAC-Fahrzeuge zuständig, sowie der Bereich smart-repair, also etwa das Entfernen von Beulen, ohne zu lackieren. Neu ist auch das Geschäftsfeld Autogas. In diesen Bereichen wachsen wir in diesem Jahr mit über 100 Prozent und haben 200 neue Mitarbeiter eingestellt. (...) Wir rechnen im Winterreifengeschäft in diesem Jahr mit einem schönen, knapp zweistelligen Plus, nachdem der Gesetzgeber Winterreifen jetzt praktisch zur Pflicht gemacht hat. (...) Unsere Expansion läuft auch in Deutschland auf vollen Touren, dieses Jahr werden wir wieder etwa 40 neue Filialen in unserem Heimatmarkt eröffnen."

Und in *auto motor und sport*, Ausgabe Nr. 13/Juli 2007, sagt Karsten Engel:

„In Deutschland haben wir gerade die 600. Filiale eröffnet, bis 2013 werden es 800 Betriebsstätten sein, in ganz Europa wollen wir dann 1.000 haben. (...) Neben der Betreuung klassischer Fahrzeugflotten wird die Kooperation mit Leasinggesellschaften für uns immer wichtiger. Der Kunde least sein Auto z. B. bei Sixt und kommt zum Service zu A.T.U. (...) Wir werden bald auch ‚Rundum-Sorglos-Pakete' anbieten."
(Anmerkung: Was im August 2007 auch realisiert wurde!)

Bevor man diese Zeilen analysiert, ist festzustellen, dass ein derartiges Interview in dieser Wirtschaftszeitung nur den Hintergrund haben kann, dass eventuell ein Börsengang geplant ist, denn die Kundenklientel und das Printmedium passen sonst nicht zusammen. Das bedeutet natürlich, dass diese Aussagen ohne Einschränkung der Wahrheit entsprechen müssen, andernfalls hätte man nach dem Börsengang eventuell riesige Probleme mit der Börsenaufsicht oder Anlegerschutzvereinigungen. Aber auch ohne diesen rechtlichen Hintergrund erscheinen Fachleuten die gemachten Aussagen glaubwürdig! Nehmen wir die **„Wachstums-Produkte"** von A.T.U mal genauer unter die Lupe und ziehen wir einen Vergleich zu den übrigen Werkstätten und bitte unterziehen Sie Ihre diesbezüglichen Aktivitäten einer genauen Überprüfung. Auch wenn man in letzter Zeit Negatives zu den Finanzen von A.T.U hört, hier zählt das Marketing und nicht die finanziellen Auswirkungen nach der Unternehmensübernahme einer so genannten „Heuschrecke", wie es A.T.U widerfahren ist.

Das Autoglasgeschäft

Lassen Sie uns zehn beliebige Markenwerkstätten besuchen und prüfen wir dabei, wie diese spezielle Dienstleistung, die zudem für die meisten Kunden kostenfrei ist, am „Point of Sale" (POS) beworben wird! Wo hängt in der Dialogannahme eine „Demo-Scheibe" mit entsprechenden Schäden und der Aufschrift: „Glasreparatur ab 0,- €"? Und wo wird diese Dienstleistung sonst noch beworben? Wissen alle Kunden des Autohauses darüber Bescheid, dass man dort im Falle des Falles Hilfe findet? Gilt Ihr Betrieb bei Ihren Kunden und im Marktumfeld als „Autoglas-Profi"?

Ein Serviceleiter einer namhaften Markenwerkstätte berichtet:
„Neulich rief eine Kundin an und erkundigte sich, ob wir hier im Autohaus auch Windschutzscheiben reparieren! Wir waren total erschrocken. Für uns war es eine derartige Selbstverständlichkeit, dass wir dieses Angebot gar nicht mehr kommuniziert haben."
Das sagt im Prinzip alles aus. **Die Werkstätten versäumen es, ihr Leistungsspektrum am Markt zu kommunizieren, es ins rechte Licht zu rücken.** Im Prinzip dürfte kein Spezialist, wie z. B. „Car-Glass" am Markt agieren dürfen. Was können die besser als „der etablierte Anbieter", die Markenwerkstätte? Trotzdem schießt eine „Glasbude" nach der anderen aus dem Boden. Und alle leben! A.T.U gibt zu Protokoll, dass dieses Geschäft u. a. zu den Wachstumssparten zählt. Jede Werkstatt, mit oder ohne Markenanbindung, muss sich die Frage stellen, warum Fahrzeuge mit Glasschäden zunehmend zu A.T.U oder zum „Glas-Doktor" gebracht werden, statt zur traditionellen Marken-Reparaturwerkstatt – oder man sollte sich fragen: Wann haben wir diese Dienstleistung zuletzt beworben? Wissen alle unsere Kunden, dass wir dafür im Falle des Falles die richtige Anlaufstelle sind?

Reifen, smart-repair, Gasanlagenumrüstung

Gleiches gilt für Reifen, smart-repair, Gasumrüstung u. v. a. m. Öffnen wir immer noch am Morgen die Türe der Werkstätte im Vertrauen darauf, dass alle Welt weiß, was wir können? Was wir tun? Überlassen wir es den Kunden darüber nachzudenken, was wir leisten und anbieten? Oder begreifen wir, dass die Zeiten des „NULL-Marketings" endgültig vorbei sind und man sich dem Markt – also dem Wettbewerb – stellen muss und sich im „Haifischbecken Service" behaupten muss? A.T.U wirbt mit aller Kraft für Angebote, für die es einen riesigen Markt gibt. Wer für die Werkstattauslastung seines Betriebes verantwortlich ist, sollte diesen Fingerzeig wahrnehmen. In welcher Werkstätte speziell in der Dialogannahme findet man schon entsprechende Hinweise? Viele meinen immer noch, dass die Beschriftung vor dem Werkstatttor „Kfz-Werkstätte" genügt, um sein Auskommen sichern zu können. Tausende Betriebe haben diese Meinung mittlerweile mit ihrer Existenz bezahlt. Wer ganz genau hinsieht erkennt, dass A.T.U im Prinzip nichts Besonderes macht: Man orientiert sich nur an Kundenbedürfnissen, bietet dafür Lösungen an und man sagt

dem Kunden auch, was man alles kann! Allerdings verpackt man alles in ein bemerkens-
wertes „Preis-Marketing-Konzept", das so mancher auch mit „Bauernfängerei" bezeichnet. Was A.T.U macht, findet man aber zuhauf im Markt wieder, egal ob man auf Fielmann
(Brillen), Media Markt (Elektro), Aldi, Lidl (Lebensmittel) oder wenn Sie wollen, auch auf
den Neuwagenhandel blickt. Mit dem vornehmlich billigsten Preis werden Interessenten
angeworben, um dann im Laden, im Geschäft aus dem Lockvogelangebot einen zufrieden
stellenden Abschluss zu erreichen. Dazu erfahren Sie noch mehr Details im Kapitel 3.2 „Der
richtige Preis"!

Die Reifen

Bei den Markenbetrieben blickt man mit Stolz auf die positive Entwicklung des Reifenge-
schäfts zurück, viele haben auch mit zusätzlichen Dienstleistungen wie z. B. der Rädereinlagerung nicht nur gute Geschäfte gemacht, sondern auch einen wesentlichen Beitrag zur
Kundenbindung geleistet. Wer sich aber auf den Lorbeeren ausruhen will, liegt falsch: Der
Wettbewerb wird in verschärfter Form weitergeführt werden. Der Bedarf wird mit sinkender
Fahrleistung und stagnierendem PKW-Bestand nicht mehr weiter wachsen. Es mag wegen
der Gesetzeslage noch einen weiteren Zuwachs an Winterreifen geben, speziell auch dann,
wenn mal wieder rechtzeitig zum Winter Schneefall einsetzt: Aber an der Kennzahl „ein
Reifen pro Jahr je zugelassenen PKW und Kombi" wird sich nichts mehr ändern. Das ist die
Marktgröße und jeder Betrieb ist angehalten, seine Stammkundenanzahl ins Verhältnis zur
verkauften Reifenzahl zu setzen. Wer also 3.000 Servicekunden registriert hat, sollte auch
3.000 Reifen pro Jahr als Absatzziel festlegen, denn wo um alles in der Welt sollten die
Stammkunden die Reifen sonst beziehen? Die Frage ist, mit welcher Konsequenz das Rei-
fengeschäft im Betrieb umgesetzt wird. Wer sich genau umblickt, erkennt noch erhebliche
Potenziale. Sicher, jeder kennt die in diesem Buch unterbreiteten Vorschläge, „kennen"
heißt aber noch lange nicht es wirkungsvoll – nennen wir es „ertragsrelevant" – in die
Praxis des Tagesgeschäfts umzusetzen. Betreten wir einen Musterbetrieb und wir sehen im
Kundenbereich im März noch die Winterreifen präsentiert. Von Werbung für die Rädereinlagerung
keine Spur. Die Frage nach der Überprüfung der Kundenreifen während der Ein-
lagerungszeit nach Schäden und fehlendem Profil werden mit Achselzucken („Was sollen
wir denn noch alles machen?") beantwortet. Auch die Erkundigungen nach der Werbung
für die aktuellen Reifenangebote je nach Saison wirft so manche Fragen auf: Woher sollen
die Kunden bitte wissen, welche Angebote das Autohaus vorhält und bitte bedenken wir
mit welcher Macht A.T.U und die Reifenspezialisten mit ihrer monatlichen Botschaft in die
Briefkästen der Konsumenten – bitte auch in die Ihrer Kunden – drängen!

Ein Reifen je Stammkunde ist das Verkaufsziel pro Jahr

Mit welcher Konsequenz checken die Serviceberater in der Dialogannahme die Quadratzentimeter, die für deren Kunden am wichtigsten sind – nämlich die, wo das Profil den Kontakt zur Straße herstellt? Jedes sechste Automobil ist mit defekten Reifen unterwegs (Quelle: www.reifensicherheit.de), konsequenterweise müsste sich diese Tatsache in den Werkstattrechnungen niederschlagen. Wenn man aber die Ordner mit den Rechnungs- und Auftragskopien durchblättert, spiegelt sich dieses Bild nicht so wieder, wie man es sich wünschen würde. Ein Zweifel an der Aussage, dass 15 % aller PKW-Reifen defekt sind, ist nicht gerechtfertigt, die Reifenschäden stehen nämlich bei den Pannendiensten auf Nummer zwei aller Schäden (und welche Zahl dieser Fahrzeugprobleme wurde erst noch von den Autofahrern an Ort und Stelle ohne Inanspruchnahme eines Pannendienstes behoben?). Es ist also noch viel zu tun – und: Die Serviceberater sollten die Grundaufgabe ihres Berufes vielleicht so definieren:

„Meine Aufgabe ist dafür zu sorgen, dass mein Kunde bis zur nächsten Inspektion sauber, sicher, komfortabel und sparsam fahren kann!"

Wer eine ähnliche Berufsauffassung hat, wird sich um diese neuralgischen schwarzen Quadratzentimeter penibel kümmern und auch konsequent die Reserveräder checken, auf die es im Pannenfall ja ankommt! Halten wir also fest: Das Geschäft mit dem schwarzen Gummi bietet noch viele Chancen, aber man muss heute viel konsequenter an die Vermarktung herangehen, Oberflächlichkeit bringt uns nicht mehr weiter. Dazu muss mehr Geld in die Werbung fließen! Gegen die ca. 200 Millionen Flyer, die A.T.U in die Briefkästen der deutschen Haushalte steckt, ist kein Kraut gewachsen, aber die eigenen Kunden, diejenigen, die in der EDV als Stammdateien abgespeichert sind, müssen wenigstens über Ihr Angebot Bescheid wissen.

HU und AU – die Basis des Werkstattgeschäfts im Segment II/III

HU und AU sind das große Pfund der Markenbetriebe! Die vielen Kunden von denen wir fast alles wissen: Automarke, Typ, Baujahr, HU-Fälligkeit, Servicehistorie, Kilometerstand, private Dateien der Besitzer usw. – ein Eldorado für jeden Direktmarketer. Nur, Vorsicht: A.T.U und andere sind gerade dabei Adressen zu sammeln, vielleicht schreibt schon bald pit·stop eine Einladung zur Hauptuntersuchung an Ihre Kunden.

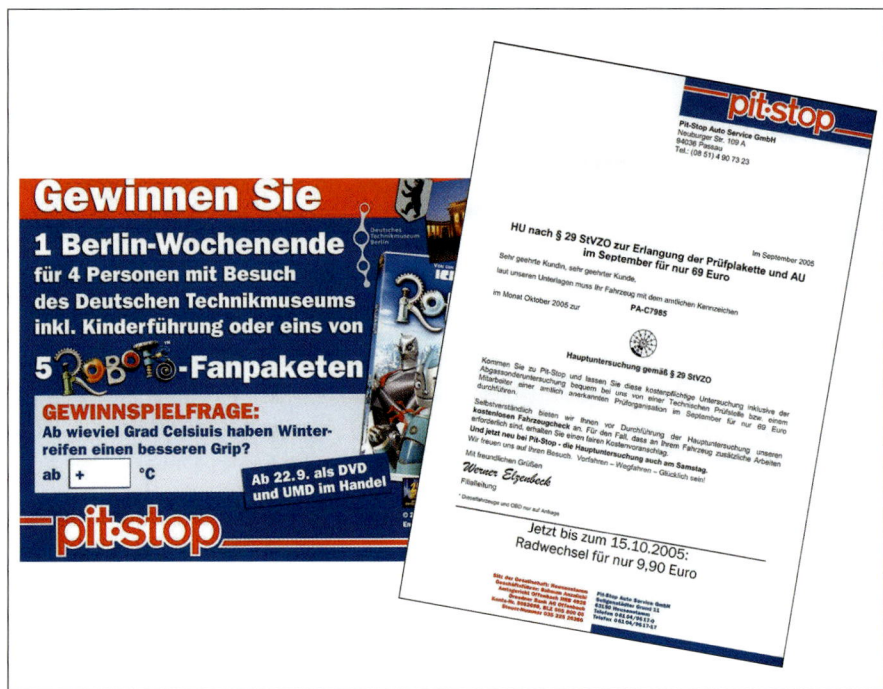

↗ **Abb. 2 _** Die Einladung zur Hauptuntersuchung von pit·stop an einen Kunden, der auf der Durchreise mit einer Panne die Dienste des Fast-Fitters in Anspruch nahm. Man sieht, dass bei diesen Serviceketten Adressdateien für spätere Direktmarketing–Aktivitäten aufgebaut werden. Darüber hinaus können derartige Adressen mit dem HU/AU–Fälligkeitsdatum z. B. von Versicherungen gekauft werden.

HU und AU sind in den Markenwerkstätten mittlerweile scheinbar zum Teil zu einem „low interest"–Produkt verkommen. Wenn man sich im Markt umblickt und sieht wie gerade A.T.U und pit·stop diese Dienstleistung in den Fokus ihrer Werbung stellen, sollten so manche Betriebe wach werden und die eigenen diesbezüglichen Aktivitäten analysieren. Wie viele Kunden hat man in letzter Zeit zum fälligen „Paragrafen" nicht begrüßen dürfen? Wo sind sie abgeblieben?

↗ **Abb. 3** _ Einladung zu HU & AU

Die Fast-Fit-Betriebe nutzen HU und AU massiv zur Kundengewinnung. Natürlich spielt dabei der Preis eine große Rolle und durch intensive Werbeaktivitäten wurde so auch der Marktpreis festgelegt, der sich bei 69,– Euro eingependelt hat. pit·stop setzt noch einen oben drauf: § 29 und § 47 auch samstags bis 16.00 Uhr!

Die Konsequenz daraus kann nur lauten: **„Schütze deine Plaketten-Kunden",** unternehmt alles, dass diese Aufträge im eigenen Hause landen. Aktive Kundenansprache ist das Instrument, um den Abwerbe-Anstrengungen der Konkurrenten standzuhalten.

MUSTER

Beispiel Telefonskript: Stammkunden mit bevorstehender HU/AU-Fälligkeit

Ziel des Anrufes
• Kunden an bevorstehenden Termin erinnern
• Termin für Durchführung in der Werkstatt sofort vereinbaren
• Termin nach Vereinbarung bestätigen

Organisation
Adressen aus Stammdatei mit HU/AU-Fälligkeit in den nächsten 40 Tagen selektieren

Gesprächsvorbereitung

Mögliche Kundeneinwände	Antworten
• Termin stimmt nicht	Können Sie uns bitte den genauen Eintrag aus Ihrem Kfz-Schein sagen?
• Wir fahren lieber zu TÜV/DEKRA	Wenn Sie Ihr Auto zu uns bringen, dann können Sie vor der § 29-Abnahme Ihr Auto gemeinsam mit unserem Meister durchchecken. Das kostet Sie nichts und Sie können unter Umständen Schäden vorab noch feststellen. So vermeiden Sie eine zweite kostenpflichtige Vorführung. Bei uns bekommen Sie alles aus einer Hand, morgens gebracht und am Abend ist alles fertig.

Gesprächsführung/Vorschlag

Telefonkraft	Guten Tag Herr Kunde, mein Name ist Sauer, Sabine Sauer, vom Autohaus Braun. Ich bin hier dafür verantwortlich, Sie an wichtige Termine zu erinnern. Ich rufe Sie deshalb an, weil an Ihrem Fahrzeug in Kürze die Haupt- und Abgasuntersuchung fällig wird. Trifft das so zu?

Kundenantwort	→ Ja	
	→ Weiß nicht	• Wir haben das Auto nicht mehr im Besitz.
		→ Frage nach Verbleib
		→ Käuferadresse
		→ aktuelles Fahrzeug erkunden
		• Bereits bei TÜV/DEKRA, andere Werkstatt erledigt.
		→ Termin für nächste Fälligkeit vortragen
		Gesprächsausstieg

Telefonkraft	Sie wissen, dass wir das in unserem Haus problemlos für Sie erledigen können? Wenn wir Ihr Auto am Morgen haben, so können wir auch schon vorab prüfen, ob alles OK ist und wir können Ihr Auto für die amtliche Prüfung vorbereiten. Das spart Zeit und Kosten.

Kundenantwort	Was kostet das denn?
Telefonkraft	Alles zusammen macht das XY €, dazu entfallen auf die Gebühren von TÜV/DEKRA ZZ €. Dafür bekommen Sie die neuen Plaketten für weitere zwei Jahre.
Kundenantwort	Zu teuer!
Telefonkraft	Die Prüfgebühren sind staatlich festgelegt und werden von TÜV/DEKRA in Rechnung gestellt. Der geringe Rest fällt für die Vorabprüfung und die Durchführung an. Können wir gleich einen Termin vereinbaren, damit dann alles reibungslos klappt?

smart-repair – vom Dellenlifting bis zur Ausbesserung von Brandschäden auf Polstern

Täglich werden tausende Karosserieschäden, vom Kratzer in der Fahrertüre bis hin zum Parkschaden, von aufmerksamen Serviceberatern auf der Dialogannahme-Checkliste (siehe S. 103 und 166) festgehalten – um sie dann vom Kunden bestätigen zu lassen, so dass man keine „Scherereien" damit hat, falls man später beschuldigt werden sollte, dass das Malheur wohl während der Servicearbeiten im Betrieb passiert sei. Gut so – mehr aber auch nicht! Serviceberater, die einen Karosserieschaden feststellen, haben die Pflicht (genau so ist es gemeint) die Schadenbehebung dem Kunden anzubieten! Es sind die Verkaufschancen zu nutzen, die sich daraus ergeben, sie reichen vom Verkauf eines Lackierstiftes zur DIY-Instandsetzung bis hin zur professionellen Schadenbehebung in der KALA-Abteilung. Man möge auch hier in Richtung A.T.U blicken – diese Sparte wächst dort und wird auch massiv beworben.

A.T.U lehrt uns etwas, was wir hätten längst in die strategischen Überlegungen des Servicegeschafts aufnehmen müssen: Von Wartung und Reparatur alleine lässt es sich nicht mehr so gut leben wie in der Vergangenheit. Wir müssen zunehmend Umsatzchancen in der Peripherie des Automobils wahrnehmen, wir müssen Möglichkeiten suchen wie wir zusätzlich Umsatz und Erträge generieren können. Und das sind eben die Bereiche Schönheitsreparaturen an Lack und Blech, Reinigungsarbeiten, Kommunikationsanlagen im Auto u. v. a. m. Die Kollegen im Neuwagenverkauf haben diese Überlegung längst ins Tagesgeschäft umgesetzt: Man verkauft Versicherungen, Anschlussgarantien, Finanzierungen und Leasingverträge und verdient so zusätzlich Geld. Auch ein Blick in Richtung Hersteller lohnt sich: Wenn die Gewinne aus Finanzdienstleistungen angesprochen werden, also die Ergebnisse der Herstellerbanken, dann bekommen alle glänzende Augen.

Die Gasumrüstung

Welches Argument könnte heute schwerer wiegen als das, dass man beim Kraftstoff bis zu 50 % einsparen könne? Im Prinzip müsste jeder Kfz-Betrieb die Umrüstung auf Gasbetrieb im Angebot haben und diese Dienstleistung auch lautstark bewerben. Das Gegenteil ist der Fall, eher verhalten nähern sich manche Betriebe diesem Geschäftsfeld. Wer aber zu A.T.U schaut, wird feststellen, dass man dort erhebliche Anstrengungen in diesem Geschäftsfeld unternimmt. In der Praxis hört man viele Argumente, warum das gerade jetzt nicht geht und welche Probleme es gäbe. Andererseits hört man von einem schwäbischen Fiat-Händler, der 2006 an über 300 Fahrzeugen Gasanlagen nachgerüstet hat. Warum konnte dieser Betrieb die allseits geäußerten Problemstellungen doch lösen? Hat man dort die vermeintlichen Probleme etwa als Herausforderung angenommen und Lösungen angeboten? Bald werden die Betriebe über A.T.U klagen, weil man dort die Kunden für die Gasanlagen-Nachrüstung abwirbt!

Die Markenwerkstätten haben u. a. auch die Verpflichtung ihren Kunden ein möglichst sparsames Fortkommen zu ermöglichen, also gehört das Angebot, „zum halben Preis" tanken zu können, zum Pflichtprogramm und damit kann man auch ordentlich für Beschäftigung in der Werkstätte sorgen. Im Prinzip gibt es dazu nur eine Empfehlung: Die Servicemannschaft zusammentrommeln, das Thema besprechen und einen Plan erstellen, wie man es anpacken kann: Die Technik lernen, Ware beschaffen, Kunden informieren und Werbung am Markt machen (das überfabrikatliche Angebot kann neue Kunden werben). Wer noch Zweifel hat, möge die Benelux-Länder besuchen und sich dort umsehen, wer welchen Kraftstoff tankt.

Hier sei auch ein Blick auf das eigene Gebrauchtwagengeschäft erlaubt. Dort stehen so manche „Benzinfresser" mit langen Standzeiten auf dem Hof. An jedem dieser Fahrzeuge sollte ein Angebot zur Gasnachrüstung mit im Auto hängen, um zu signalisieren, dass der relativ hohe Kraftstoffverbrauch den Kauf nicht zu verhindern braucht, dass man auch dieses Fahrzeug kostengünstig bewegen kann. Man kann auch zwei Finanzierungsraten aushängen: Die eine ohne Nachrüstung, die andere inklusive Gasbetrieb (vielleicht auch noch unter Berücksichtigung eines möglichen Zuschusses des örtlichen Versorgers). Mit einem Rentabilitätsrechenbeispiel kann man vielleicht so manchen Skeptiker überzeugen und man hat zusätzlich auch ein paar AWs mehr für die Werkstatt akquiriert.

Die Serviceleistungen aktiv weiter entwickeln

Wir wollen noch ein paar Zeilen bei A.T.U verweilen, mit der Glas- und Blechreparatur und der Gasnachrüstung ist das Spektrum der Weiterentwicklung noch nicht beendet. Als weitere neue Geschäftsfelder werden für Service und Reparatur Fahrzeugflotten angeworben, man wird sich künftig auch den Transportern zuwenden und ein Angebotsspektrum dafür aufbauen und man hat mittlerweile auch das Segment I in Angriff genommen: Die Inspektion für alle PKW ohne Verlust der Herstellergarantie/-gewährleistung, man darf gespannt sein, was man aus der Weidener Zentrale sonst noch alles hören wird.

Warum haben wir dem A.T.U-Service so viele Zeilen gewidmet? Die Antwort dazu ist relativ einfach:

- A.T.U zeigt, dass man mit marktgerechten Aktivitäten auch in einem sinkenden Markt wachsen kann.
- Bei diesem Betrieb kann man kein Geheimnis lüften, das für den Erfolg verantwortlich ist – man kocht dort auch nur mit Wasser! Aber man nimmt Signale vom Markt auf und setzt sie in Leistung um – und man bewirbt die Angebote kräftig, so dass die Interessenten auch davon erfahren.
- Dazu bewegt man sich in einem Marktsegment – vorwiegend dem Segment II (Fahrzeuge 4 bis 8 Jahre) – für das man in den Augen der Zielgruppe scheinbar der beste Dienstleister ist. Dieser Markt wächst noch weiter, das Durchschnittsalter der Fahrzeuge in Deutschland liegt bei über 8 Jahre. A.T.U fischt im größten Teich – in dem der Markenwerkstätten, wo die Kunden vermehrt darauf schauen, wie sie preisgünstig Autofahren können.

Fazit zum Thema „Wettbewerb"

- Die Nachfrage für Wartungs- und Reparaturleistungen wird weiter zurückgehen.
- Der Servicewettbewerb wird sich zunehmend verschärfen und das Werkstatt-Sterben wird fortschreiten.
- Mit nur dem klassischen Serviceangebot wird es zunehmend schwerer, sich am Markt zu behaupten. Es müssen zusätzliche Produkte und Dienstleistungen   begonnen beim smart-repair bis hin zur Gasnachrüstung – verkauft werden, um die Werkstattkapazitäten auslasten zu können.
- Die Zeiten, in denen der Service wie automatisch funktioniert hat, sind vorbei. Nur mit aktivem Servicemarketing, verbunden mit dem aktiven Serviceverkauf in der Dialogannahme, wird man in Zukunft bestehen können.

3 _ Erfolgreicher Marketing-Mix im Service

Produkt, Preis, Werbung, Verkauf

Unabhängig davon, um welche Branche es sich handelt, besteht für den Geschäftserfolg eines Unternehmens ein Marketing-Grundgesetz, das wie folgt lautet:

Man muss
. . . **das richtige Produkt, zur richtigen Zeit** und
. . . **zum richtigen Preis** haben.
Dazu muss man es
. . . **richtig und wirkungsvoll bewerben** und dann
. . . **vorteilhaft und kundennutzenorientiert verkaufen.**

↗ **Abb. 1** _ Das Marketing-Grundgesetz im Service: Produkt, Preis, Werbung, Verkauf

Dieses Marketinggesetz ist im Prinzip ganz einfach und dennoch schwer genug in der Praxis umzusetzen. Man spricht hier auch vom „Marketing-Mix", also einer Mischung aus verschiedenen Anforderungen und Aufgaben, um am Markt erfolgreich arbeiten zu können. Betriebswirtschaftlern ist das Prinzip als „vier Mal **P**" bekannt (**p**roduct, **p**rice, **p**lace, **p**romotion).

3.1 _ Das richtige Produkt und Angebot zur richtigen Zeit

Zuerst müssen wir prüfen, ob wir die richtigen Produkte im Service anbieten, nämlich die Produkte und Dienstleistungen, die unseren Kunden auch Nutzen bieten, denn nur dann werden wir auch etwas verkaufen und damit die Werkstätte auslasten können. Dabei handelt es sich natürlich um die selbstverständlichen Grundleistungen wie Wartung und Reparatur. Dazu kommen aber noch weitere Angebote, begonnen bei den Saison-Sicherheits-Checks, dem Angebot von Kühlboxen zur Urlaubzeit bis hin zur Nachrüstung von Autogas-Anlagen u. v. a. m.

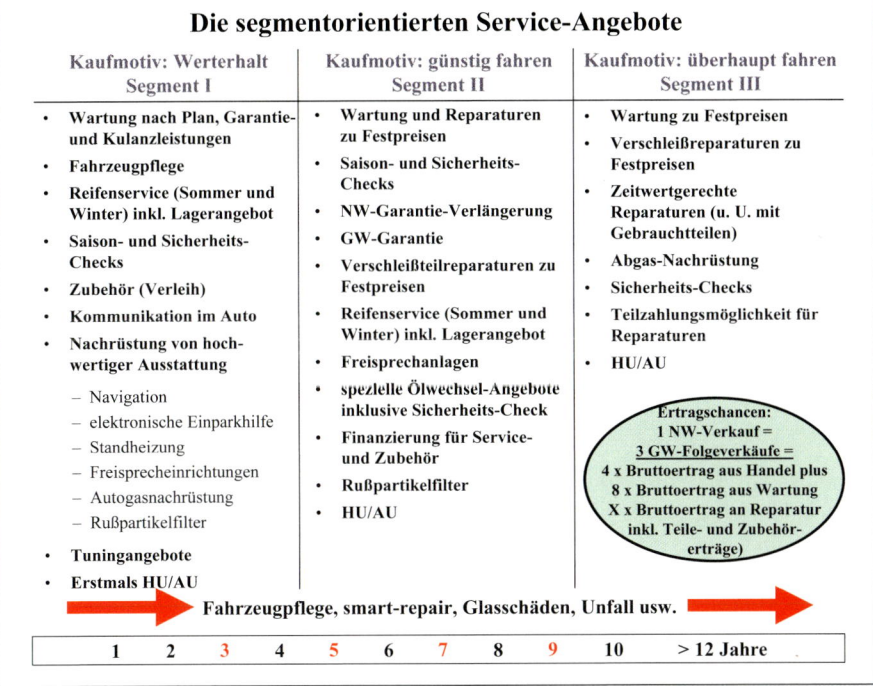

↗ **Abb. 2** _ Jede Segment-Zielgruppe benötigt genau auf deren Bedürfnisse abgestimmte Produktangebote. Hier ein Beispiel.

Grundsätzlich ist es notwendig, dass man gemäß den Kundenbedürfnissen innerhalb der einzelnen Fahrzeugsegmente die Produktangebote entwickelt und aufbaut. Die Kaufmotivation in Sachen Serviceleistungen differenziert bei den Kunden innerhalb der einzelnen Fahrzeugsegmente stark und auf diese speziellen Bedürfnisse müssen die Angebote exakt abgestimmt werden, so dass das Interesse der Zielgruppe geweckt werden kann. Mit einer statischen Einheitsleistung kommt man heute nicht mehr zurecht. Kunden ab dem Segment II haben sich in den letzten Jahren in großer Zahl von den Markenwerkstätten abgewandt und sind scharenweise zu den Fast-Fit-Betrieben übergewechselt. Man muss anerkennen, dass diese Anbieter den Nerv der Autofahrer, das heißt deren Bedürfnisse, besser angesprochen haben als die Markenbetriebe. Diese Situation muss mit aller Kraft mit dem Service-Marketing des Autohauses umgedreht werden. Es gibt keinen anderen Topf, aus dem man die zur künftig notwendigen Werkstattauslastung notwendigen Kunden finden kann.

Segment I – Fahrzeuge bis 48 Monate ab Erstzulassung

Kunden, die sich neue Autos kaufen, geben für die nachfolgende Fahrzeugpflege mehr Geld aus. Auch wenn das Hauptmotiv, bei der Markenwerkstätte das Fahrzeug zum Service zu geben, um die Garantie aufrecht zu erhalten, überwiegt, ist man doch bereit zusätzlich mehr ins Auto zu investieren. Das Motiv der Kunden ist grundsätzlich mit **„Werterhalt"** zu beschreiben, man will ja das Auto in ein paar Jahren zum Höchstpreis wieder in Zahlung geben, um ein neues Modell zu erwerben.

So trifft man in diesem Segment auch speziell auf eine Zielgruppe, die neue Fahrzeuge kauft und deshalb auch mit einer höheren Kaufkraft (oder Bonität) ausgestattet ist als die Kunden, die wir vornehmlich im Segment II oder III wieder finden. Auch handelt es sich vorwiegend um ältere Kunden (das Durchschnittsalter des typischen Neuwagenkäufers liegt um die 50 Jahre!), die sich etwas besonderes nicht nur leisten wollen, sondern es sich auch leisten können und deshalb andere Service-Bedürfnisse haben. Diese Tatsache ist in Hinsicht auf die Sicherung der Werkstattauslastung zu nutzen.

Wer hätte schon daran gedacht, dass gerade diese Klientel im Fahrzeugtuning-Geschäft (inklusive den Felgen usw.) Ton angebend ist. Zwar planen junge Leute bis 40 Jahre die meisten Einkäufe für Tuningartikel (siehe Abb. 3), das meiste Geld dafür wird aber von der „60plus-Generation" ausgegeben, die zurzeit auch die „Erbschaftsgeneration" genannt wird.

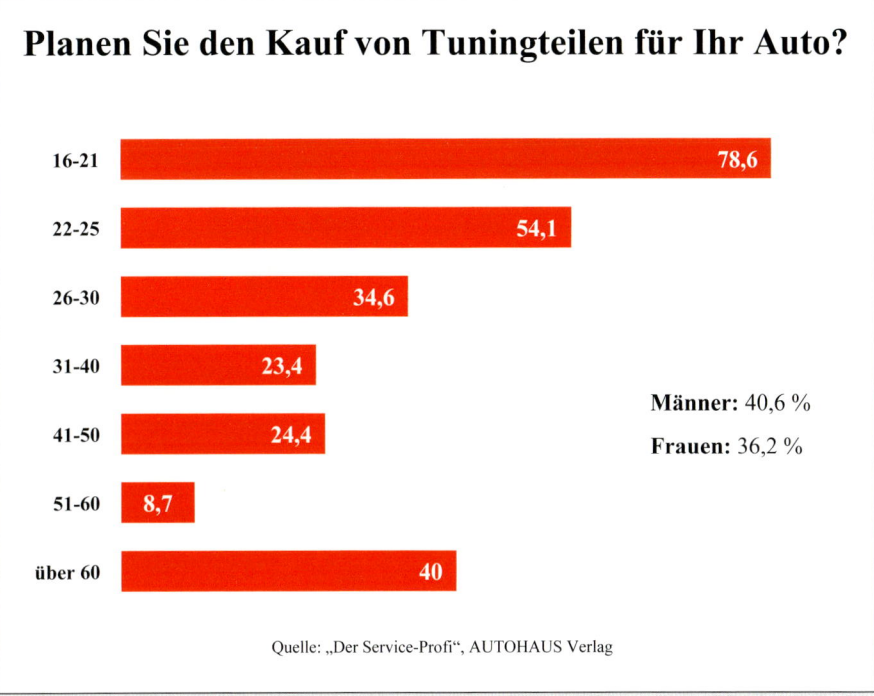

Planen Sie den Kauf von Tuningteilen für Ihr Auto?

16-21	78,6
22-25	54,1
26-30	34,6
31-40	23,4
41-50	24,4
51-60	8,7
über 60	40

Männer: 40,6 %
Frauen: 36,2 %

Quelle: „Der Service-Profi", AUTOHAUS Verlag

↗ **Abb. 3 _** Das Tuninggeschäft wächst, die Zielgruppe der über 60-Jährigen gibt dafür am meisten Geld aus.

Fakten zur „60plus-Generation"
- Die Anzahl der Menschen in der Altersgruppe um 60 Jahre wächst von heute 20 Millionen auf über 27 Millionen im Jahre 2030.
- Etwa 25 % aller Neuwagenzulassungen entfallen auf diese Kundengruppe (1996 waren es noch 14 %).
- Diese Zielgruppe gibt beim Autokauf über 5.000 € mehr als der Durchschnitt aus, bei den Mehrausgaben für Tuning und Zubehör macht das 900,- € über dem Schnitt aus.
- Für die Markenwerkstatt sind dies die treuesten Kunden – mehr als die Hälfte vertraut dem Fachbetrieb.

(Quelle: Manfred Schlegel, Chefredakteur „Der Service-Profi")

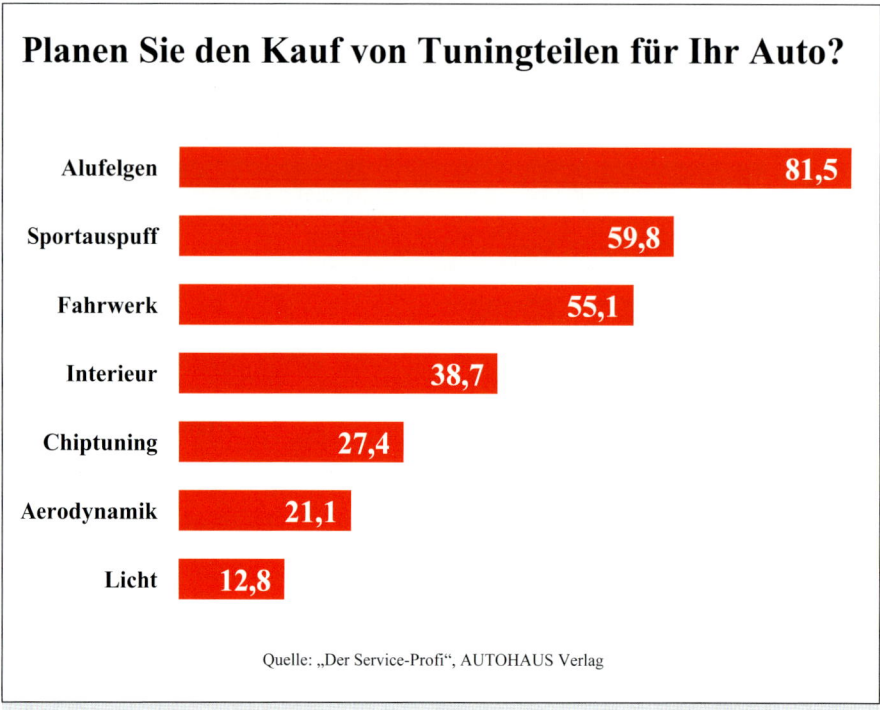

Planen Sie den Kauf von Tuningteilen für Ihr Auto?

Alufelgen	81,5
Sportauspuff	59,8
Fahrwerk	55,1
Interieur	38,7
Chiptuning	27,4
Aerodynamik	21,1
Licht	12,8

Quelle: „Der Service-Profi", AUTOHAUS Verlag

↗ **Abb. 4** _ Diese Produkte sollten in Ihrer Ausstellung in der Kundenzone und Dialog-annahme enthalten sein.

Die Frage, die gestellt werden muss, ist die, wie man im eigenen Betrieb diesen Fakten gerecht wird? Sind für diese Zielgruppe wirklich die geeigneten Produkte inklusive den damit verbundenen Dienstleistungen im Angebot? Wie spricht man die Kunden darauf an? Es genügt natürlich nicht die Teile originalverpackt im Teilelager aufzubewahren oder „zu bewachen" (so wie der japanische Marketingkritiker Minoru Tominaga immer sagt), son-dern wir müssen sie zeigen, sie attraktiv verkaufsfertig präsentieren: in der Kundenzone, in der Dialogannahme, in unseren Werbeaussendungen und in unseren Vorführwagen. Wie sprechen unsere Serviceberater diese Zielgruppe auf derartige Produkte an? Kennen diese Mitarbeiter den Bedarf der Zielgruppe überhaupt? Kennen Sie die Methodik, wie man beim Kunden den „Bedarf dafür weckt"?

Beginnen Sie sofort – falls noch nicht geschehen – Ihr Zubehörangebot im Dialogan-nahme-Bereich aufzubauen und zu präsentieren. Sie schaffen damit nicht nur mehr Zu-behörumsatz, sondern mit den damit verbundenen Montagearbeiten auch eine Steigerung der Werkstattauslastung und das ist natürlich mit mehr Ertrag für Ihr Haus verbunden.

Kundenwünsche für die Zeit nach dem Fahrzeugkauf

2005 kam die Studie „Darauf kommt es bei Verkauf und Service an – Entscheidungsprozesse Ihrer Kunden vor und nach dem Autokauf" vom Garantieversicherer MultiPart und AUTOHAUS auf den Markt, in der viele interessante Details zum Kaufverhalten der Kunden dem Kfz-Markt präsentiert wurden. Schon damals zur Veröffentlichung wurde z. B. das Thema **„Servicepakete"** deutlich als Kundenwunsch vorgestellt. Kurz danach war das Angebot von Volkswagen **„Kauf inklusive Service"** oder gar die **„Flatrate"** von Ford ein viel beachtetes Thema in der Branche. Gezielt die Werkstattauslastung nach dem Verkauf zu sichern – **Kundenbindung vom ersten Kilometer** an – ist eine aktuell absolut richtungsweisende Servicestrategie.

Besonders wichtig aber sind die Bemühungen, bereits beim Verkauf für Garantieverlängerungen und Anschlussgarantien zu sorgen, so dass auch nach Ablauf der Herstellergewährleistung und -garantie dem Kunden weiter ein weitgehend risikoloses Fahren ermöglicht werden kann. Diese kundenbindende Maßnahme wird weiter an Bedeutung gewinnen, denn immer mehr kommt bei den Käufern das Nutzungsargument zum Tragen, das Besitzargument verliert weiter an Bedeutung. Jedes Haus muss hier eine konsequente Strategie verfolgen, wie man möglichst viele Anschlussgarantien von Anfang an (z. B. eingerechnet in die Leasing/Finanzierungsrate) verkaufen kann, spätestens nach zwei Jahren muss nochmals mit Vehemenz versucht werden, dem Kunden die zweifelsfrei unbestrittenen Vorteile dieses Angebotes nahe zu bringen. Man möchte sogar so weit gehen und die Forderung erheben, dass ein derartig wichtiges Instrument zur Werkstattauslastung, die „garantierte" Ausbuchung der Produktivkapazität, nicht nur alleine in den Händen der Verkäufer liegen darf, die vielleicht mit unterschiedlicher Motivation dieses Thema anpacken. Eine Gesamtstrategie muss aufgestellt werden, an der alle an einem Strang ziehen. Die Lunte für das spätere Werkstattgeschäft kann wesentlich über die Instrumente Garantie/Gewährleistung und Anschlussgarantie gelegt werden – danach muss gehandelt werden. Der Service sollte in diesem Bereich die Weisungshoheit haben, man darf ein derartig wichtiges Produkt nicht in den Händen von fehlender Einsicht und vielleicht auch fehlendem Willen belassen. Wenn man in den Markt blickt, so findet man – auch innerhalb einer Marke – Betriebe, die in diesem Bereich Abschlussquoten von fünf Prozent aller NW-Verkäufe vorlegen, andere sind bereits bei einer Quote von 30 % – beide Betriebe arbeiten mit dem gleichen Produkt! Beide kochen das gleiche Wasser! Führung ist angesagt. Gleiches gilt für die Gebrauchtwagen-Garantie. Einerseits werden Fahrzeuge mit teuren Garantie-Versprechen ausgestattet, andererseits gibt es kaum Betriebe, welche die Serviceloyalität der im regionalen Umkreis verkauften Fahrzeuge festhalten, geschweige denn Strategien entwickeln, wie man den GW-Servicereturn steigern kann. Herrscht hier immer noch der Gedanke „Gott sei Dank ist der vom Hof" und „hoffentlich sehen wir den so schnell nicht wieder". Das wäre eine fatale Strategie, denn: Der Auftrag ist nie weg – er ist nur wo anders!

Segment II – Fahrzeuge ab 49 Monate bis 96 Monate nach Erstzulassung

In diesem Segment spielt sich das Servicegeschäft in aller Vielfalt ab. Nicht nur, dass hier das Servicemotiv der Kunden mit **„preisgünstig Auto fahren"** beschrieben werden kann, in diesem Segment sind auch mengenmäßig die meisten Fahrzeuge „zuhause"! Ein Großteil des gesamten PKW-Bestandes ist diesem Segment zuzuordnen. Der gesamte Fast-Fit-Wettbewerb zielt mit seiner Werbung speziell auf diese Zielgruppe. Gleichzeitig bedeutet die aktive Marktdurchdringung bei den 4- bis 8-jährigen Fahrzeugen für die Markenbetriebe, ob man überleben kann oder nicht. Ohne eine bedeutende Anzahl von Segment II-Fahrzeugen im Kunden-Portefeuille ist ein positives Serviceergebnis nur schwer zu erzielen und um diese Kunden ins Haus zu bekommen, beziehungsweise an das Haus zu binden, sind spezielle Angebote, die dem Kundenbedürfnis „preiswert Auto fahren" entsprechen, aufzubauen und zu kommunizieren. Wer die Angebote für speziell kalkulierte Fixpreise für Wartung und Reparatur erstellt hat, kämpft als Markenwerkstatt mit einem meist schwachen Werbebudget gegen die beispielsweise über zweihundert Millionen Wurfsendungen pro Jahr von A.T.U an, dazu kommen noch die Werbeaktivitäten von Bosch, pit·stop, den Reifen-Servicebetrieben und anderen aktiven Marktteilnehmern. Natürlich – und das ist die gute Botschaft – muss eine einzelne Werkstätte die Werbebotschaft nicht millionenfach verbreiten. Aber die Stammkunden, die in der EDV gespeicherten Adressen, müssen unbedingt bedient werden und wer Kundenzuwachs braucht, der muss dazu auch noch mit klassischer Werbung, zum Beispiel Print oder Radio, den Markt über seine Angebote informieren, um dort Neukunden gewinnen zu können.

Gebrauchtwagen-Aftersales

Ein besonderer Blick gilt in diesem Segment II den Gebrauchtwagen! Zum einen hält der Trend an, dass sich die Markenbetriebe zunehmend von Fahrzeugen, die älter als fünf Jahre sind, trennen und diese gar nicht erst zum Verkauf präsentieren. So fehlen natürlich folgerichtig einige AWs in der Werkstätte: Erstens diejenigen zur Instandsetzung, nachdem der Kunde dafür einen Abschlag des Wagenwertes beim Eintausch gegen ein Neufahrzeug hinnehmen musste, denn jeder Instandsetzungsauftrag für ein in Zahlung genommenes Fahrzeug bedeutet ja nichts anderes als einen Serviceauftrag aus dem Markt zu bedienen, der über diesen Umweg des Fahrzeugeintausches in unsere Werkstatt kommt und: Zweitens kann dann natürlich die Werkstätte auch mit keinem Kunden rechnen, der für seinen Gebrauchten innerhalb der Gebrauchtwagen-Garantiezeit und darüber hinaus die Regelwartung durchführen lässt und infolge danach mit speziellen Angeboten für sein Fahrzeug als Stammkunde im eigenen Betrieb gehalten werden kann. Darüber sollte man genau nachdenken bevor man Fahrzeuge, die am GW-Markt dringend gesucht werden

– nämlich die im Preissegment zwischen 5.000 € und 12.000 € – widerspruchslos an Wiederverkäufer abgibt, nur damit man sich der Gewährleistungsproblematik nicht stellen muss. Gemäß dem Grundsatz

„Fahrzeuge, die wir heute nicht verkaufen, werden wir morgen nur schwer im Service bedienen können!"

muss man einfach etwas weitergehend darüber nachdenken.

Veränderte Sortimentsstrategien im GW-Handel
Auswirkungen der Sachmangelhaftung

Die Schuldrechtsreform und die darin enthaltene Sachmangelhaftung hat das GW-Geschäft verändert. Ganz besonders wird dies beim GW-Angebot der Händler sichtbar. Jüngere Fahrzeuge dominieren mittlerweile, das Risiko mit älteren Gebrauchten wird vermieden, obwohl gerade hier eine große Nachfrage besteht. Der Privatmarkt profitiert davon.

Martin Steidle,
Vertriebsleiter von
MultiPart, berichtet
über den
Schadenverlauf 2007

Die neuen Rechtsansprüche der Kunden aus der Sachmangelhaftung haben zu einem veränderten Bild im Gebrauchtwagengeschäft geführt. Händler, die ohne eigene Werkstatt und Fachpersonal noch vor Jahren die Ausfallstraßen der Großstädte säumten und auffällig viele hubraumstarke Fahrzeuge in hohem Alter, aber mit durchweg geringer Laufleistung knapp unter der „magischen" 100.000-Kilometer-Marke aufwiesen, sind in einigen Regionen weitgehend von der Bildfläche verschwunden.

Schadenbild verändert sich

Doch das Fahrzeugalter allein ist kein Indiz für ein erhöhtes Sachmangelhaftungsrisiko. In Zeiten der Garantieanbieter ist die Schadenquote an Gebrauchtfahrzeugen seit Inkrafttreten der Schuldrechtsreform in 2002 deutlich gestiegen. Schuld daran ist weniger das neue Schuldrecht als vielmehr der deutlich gestiegene Anteil von Elektronikkomponenten.

Anfällige Elektronik

Laut MultiPart-Statistik kommt im Schnitt jedes vierte Fahrzeug in den ersten zwölf Monaten nach Verkauf mit einem Garantieschaden zum Händler zurück. Ursache für die

Ausfälle sind dabei häufig elektronische Komponenten im Motorbereich (Kraftstoffaufbereitungssysteme, Steuergeräte) oder der Komfortelektronik, die vergleichsweise hohe Kosten verursachen. Pro Garantiefall werden durchschnittlich 350 Euro fällig.

Fachhändler verändern das GW-Sortiment

Nachteil des neuen Sachmangelhaftungsrechts: Kunden, die auf einen soliden, aber sehr preisgünstigen Gebrauchtwagen angewiesen sind und maximal 5.000 Euro für eine Neuanschaffung aufwenden können, werden

Die aktuelle Schadenstatistik zeigt deutlich die „Elektronikproblematik"

im professionellen Gebrauchtwagenhandel nur noch selten fündig. Kaum ein Händler, egal ob frei oder markengebunden, vermarktet wegen des Gewährleistungsrechts noch ältere preisgünstige Fahrzeuge. "Wir nehmen auch ältere Gebrauchte in Zahlung, aber alles, was die sechs Jahre überschritten hat, geht von Ausnahmen abgesehen weiter ins Ausland", erzählte uns beispielsweise ein Händler aus München. Aber: damit entledigt sich der Handel gerade der Zielgruppe der jungen Einsteiger mangels Angebot und treibt diese in die Arme des Privathandels. Die Frage muss erlaubt sein, ob man nicht durch genaue Eintauschtests und eine verbesserte Instandsetzung das Risiko minimieren kann. Letztlich kann ein nur auf junge und hochpreisige Fahrzeuge abgestimmtes Sortiment keine Strategie sein. Gebrauchtfahrzeuge sind vor allen Dingen für Kunden mit weniger prall gefüllter Geldbörse der Weg zur Mobilität. Und: Es geht nicht nur um den Verkauf, es geht auch darum, mit den verkauften Fahrzeugen die Aftersalesgeschäfte zu forcieren.

4,34 % Getriebe
0,42 % Differenzial
2,76 % Antriebswellen
4,10 % Lenkung
3,16 % Bremse
3,99 % Kraftstoffanlage ohne Elektrik
8,78 % Motor
12,64 % Kühlsystem
22,74 % Komfort-Elektrik
21,68 % Einspritzelektronik
15,82 % Elektrik ohne Komfort-Elektrik

Quelle: MultiPart Garantie AG, Martin Steidle, Vertriebsleiter. Auszug aus der Kundenzeitung „pluspunkte", Dezember 2007.

↗ **Abb. 5** _ Der Garantieanbieter MultiPart legt den Schadenbericht 2007 vor. Nicht die Gewährleistung für ältere Fahrzeuge ist das Problem, sondern die Elektronik der meist jungen Autos.

Und zu Ende gedacht bedeutet es weiter:

„ . . . und an Kunden, deren Fahrzeuge wir morgen nicht im Service haben, werden wir übermorgen nur sehr schwer wieder neue oder gebrauchte Fahrzeuge verkaufen können!"

Trotz aller Gewährleistungsängste sei angemerkt: Als Autohaus muss man den Markt in möglichst großer Breite und Vielfalt bedienen, denn nur mit einer exzessiven Marktbearbeitung kann die Grundlage für ein florierendes Servicegeschäft mit kontinuierlicher Werkstattauslastung gelegt werden. Zumindest sollte das Gebrauchtwagen-Angebot des Autohauses das Segment II umfassen. Jeder Gebrauchte muss dabei spezielle vorteilhafte Angebote für den Service nach dem Kauf beinhalten, um so eine möglichst große Serviceloyalität bei diesen Kunden zu erreichen. Und: Der günstige Gebrauchte war früher Einstiegsauto in die Markenwelt des Autohauses und so wird es auch künftig sein, sofern man ein Angebot dazu hat.

Segment III – Fahrzeuge ab dem 97. Monat nach Erstzulassung

Für Fahrzeuge ab dem neunten Zulassungsjahr gelten wieder andere Regeln, hier gilt das Servicemotiv **„überhaupt Auto fahren"**! Die Serviceleistungen beschränken sich auf die notwendigen, grundlegenden Funktionen und darauf, dass die gesetzlichen Vorschriften eingehalten werden. Wer an solche Fahrzeuge mit dem üblichen „AW-Preis plus Teile" rangeht, wird ein Fiasko erleben! Das Zauberwort heißt in jeder Hinsicht „zeitwertgerecht"! Nicht nur dass man sich, um diese Kunden bedienen zu können, darüber Gedanken machen muss auch mit gebrauchten Ersatzteilen, GVO-Teilen und Teilinstandsetzungen zu arbeiten, darüber hinaus steht man auch in starkem Wettbewerb zu „DIY-Künstlern" (Do-it-yourself) und „Nachbarschaftshilfe" – sprich Schwarzarbeit. Einem zusätzlichen Aspekt sollte man dazu noch Beachtung schenken: Mit der modernen Autohausarchitektur wird man den Autofahrern mit betagten Fahrzeugen nicht signalisieren können, dass man dort in Sachen Preis gut aufgehoben ist. Denken Sie dabei z. B. an einen Segment III-Kunden mit einem 10 Jahre alten Audi A4, der ohne Scheu zur Reparatur der Bremsen in die supermoderne Glas- und Alu-Landschaft eines Audi-Hangars einfahren sollte! Der vielleicht gegenüberliegende „1a-Mehrmarken-Werkstattbetrieb" ist in vielen Fällen für diese Zielgruppe sehr viel vertrauenserweckender als die teuer anmutende Markenwerkstatt. Mit diesem Problem muss der Markenbetrieb leben und daran wird sich nichts ändern. So bietet z. B. die Schwabengarage, die in Stuttgart an einem Standort den „Service-Spagat" über 14 Marken schafft, aufgrund dieser Tatsache ein spezielles, vom Hauptbetrieb abgetrenntes, eigenständiges Servicekonzept, um den Segment II/III-Kunden die Einfahrt in das mehrstöckige Serviceparadies an der Cannstatter Straße zu ersparen und bietet eine adäquate dem Fahrzeugalter und den Servicemotiven der Kunden entsprechende Umgebung an. Obwohl man dort mit den gleichen Fixpreis- und Paketangeboten arbeitet wie im Hauptbetrieb, fühlen sich die Kunden mit den älteren Autos abseits der Strahlkraft der Markenwelt scheinbar wohler. Diese Strategie wird sich weiter entwickeln und einige Markenbetriebe werden sich mit derartigen Mehrmarken-Servicebetrieben zusätzlich ausstatten, um Kunden aus diesen Segmenten zurück zu gewinnen. Man kann mit Spannung auf diese spezielle Entwicklung am Markt schauen.

↗ **Abb. 6** _ Zukunft Service: Zweigleisig fahren. Zum Marken-Service kommt der Mehrmarken-Service.

Folgendes Fazit kann man in Sachen Produktangebote ziehen:

- Es gibt kein einheitliches Serviceangebot. Jedem Topf seinen Deckel – nach diesem Prinzip müssen die Serviceangebote gemäß den Servicemotiven der Kunden individuell aufgebaut werden.
- Ohne Werbung läuft im Service und speziell im Segment II und III nichts. Wer sich hier behaupten will, muss die Mittel bereitstellen, die notwendig sind, um die Zielgruppe mit der passenden Werbebotschaft erreichen zu können.
- Die Architektur nimmt Einfluss auf die Glaubwürdigkeit des Betriebes: Wer mit Glas und Chrom sagt, dass er zeitwertgerechte Leistungen für alte Autos erbringen kann, fordert zumindest die Skepsis der Kunden heraus. Mit geeigneten Betrieben, losgelöst von der Servicemarke, kann man in das Mehrmarken-Servicegeschäft für ältere Fahrzeuge einsteigen.
- Das Gebrauchtwagengeschäft dient zur Belebung des Servicegeschäftes, insbesondere im Segment II, allerdings müssen die Maßnahmen zur Werkstattbindung deutlich hervorgehoben werden. Das sind vor allen Dingen die Gebrauchtwagen-Garantie und die Neuwagenanschluss-Garantie.

3.2 _ Der richtige Preis

„Der Preis ist heiß" sagen viele, die im Verkauf tätig sind. Den richtigen, marktgerechten Preis für ein Angebot zu finden, verlangt hohe Markt- und Wettbewerbskenntnisse. Nur mit den „AW-Preisen" zu arbeiten, ist beim heutigen breit gefächerten Wettbewerb kaum noch möglich. Die alte Formel „Lohn plus Teile" hat ausgedient. Man muss heute ein breites Preisspektrum anbieten, begonnen bei gesplitteten AW-Preisen je nach technologischer Anforderung über Paket- und Fixpreisangebote, zeitwertgerechten Reparaturleistungen bis hin zu „Lockvogel-Preisen" im Kampf um Neukunden, um in den unterschiedlichen Marktstrukturen gegen starke Konkurrenten bestehen zu können.

In der Kfz-Branche trifft man aber auf ein Phänomen, das man heute gar nicht mehr vermuten würde! In Zeiten, in denen alle scheinbar nur vom Preis sprechen und manche schon wegen weniger Cent den Anbieter wechseln, geben täglich zehntausende Kunden ihren Wagen in Kfz-Werkstätten, erteilen den Auftrag für Service- und Reparaturleistungen, ohne dass sie den Preis erfahren, den sie bei Abholung des Fahrzeuges zu bezahlen haben. Unglaublich, aber wahr! Auf der anderen Seite kann man aber auch vermuten, dass die Kunden eben wegen dieses „Preisnebels" vielen Serviceanbietern mit einer derartigen „Annahmepraxis" den Rücken gekehrt haben. Das ist die eine Seite. Die andere ist die, dass Konkurrenzbetriebe nicht nur dieses Preisverhalten der Markenbetriebe aufgegriffen haben, um Kunden abzuwerben. Sie haben gerade deshalb den Preis zum Werbeinstrument „Nummer 1" erkoren und stoßen so auf eine eklatante Schwäche der etablierten Autohäuser. Wer kennt sie nicht, die Angebote von A.T.U und anderen Fast-Fittern, die für 49,- €, 59,- € oder 79,- € eine Fahrzeuginspektion versprechen! Na ja, das ist ja nicht alles, dazu kommen die Nebenarbeiten und die Teile, was verschämt im Kleindruck erwähnt wird. Viele Branchenkenner behaupten, dass A.T.U am Ende nicht billiger als ein Markenbetrieb arbeitet, ja manchmal sogar teurer (AUTO Bild 13/2007)! Dann aber ist es schon passiert, der Kunde ist für die Werkstätte verloren und der direkte objektive Vergleich fällt dann vermutlich schwer. Es ist der **„Lockvogelpreis"**, der Kunden anzieht. Es ist halt ein Unterschied, wenn man sich z. B. in einem VW-Betrieb nach dem Preis für die 120.000 Kilometer-Inspektion eines Golf III erkundigt und vom „Meister" erfährt, dass man vermutlich zur Inspektion bei dieser Kilometer-Leistung erfahrungsgemäß die Bremsen erneuern muss, dann ist da noch der Zahnriemen, der Ölwechsel – macht also zusammen so um ca. 500,- €! Die Aussage ist korrekt, sie beruht auf der jahrelangen Erfahrung des Werkstattmeisters und die Rechnung wird letztlich auch so hoch wie vermutet sein! Wendet sich der Kunde aber an A.T.U, so erfährt er dort, dass die Inspektion (je nach Standort und aktueller Monatsaktionen) zwischen 49,- € bis 79,- € kostet. Zusätzlich Material! Welch' ein Unterschied in der Preisanmutung – unter dem Strich wird bei beiden Anbietern dann aber die Endabrechnung in etwa gleicher Größenordnung ausfallen. Keiner kann zaubern! Zumindest beim Lohnanteil kochen die Fast-Fit-Betriebe auch nur mit Wasser.

Was kann der vorher genannte VW-Betrieb aus diesem Beispiel lernen? Bei der nächsten Anfrage eines Interessenten könnte das Gespräch vielleicht so geführt werden:

> „Lieber Kunde, für Ihren Golf III bieten wir Ihnen die große Inspektion im VW-Fachbetrieb zum „Freundschaftspreis" (Fixpreisaktion von VW für ältere Baujahre!) von nur 79,- € an. Was darüber hinaus noch notwendig ist und was an Material dazu kommt, können wir Ihnen gerne dann sagen, wenn Sie mit Ihrem Wagen zu uns kommen. Unser Serviceberater wird gemeinsam mit Ihnen Ihren Golf genau ansehen und Sie sagen uns dann, was alles gemacht werden soll. Wann darf ich Sie dazu hier erwarten – und können Sie mir bitte schon vorab mal das Kennzeichen Ihres Wagens sagen?"
>
> MUSTER

Nebenbei ist hier noch anzumerken, dass man mit einem derartigen Verhalten am Telefon nicht jede Anfrage an den „Meister" durchstellen muss, dessen Aufgabe der aktive Serviceverkauf in der Dialogannahme ist und nicht durch derartige Anrufe im Kundendialog gestört werden soll. Diesen Job muss die Serviceassistenz bewältigen!

Alte Handwerkstradition gegen modernes Preismarketing! Meistertradition gegen neuzeitliche aktive Serviceverkäufer! Es ist aber festzuhalten: A.T.U macht nichts Unrechtes. Was man generell kalkulieren kann, ist der Arbeitsumfang, das heißt der Zeitaufwand für die Inspektion. Dies hat A.T.U als Standardleistung mit dem dazugehörigen AW-Anteil definiert und kalkuliert. Was alles zusätzlich am Fahrzeug noch zu erledigen ist, weiß man letztlich ja nur dann, wenn man das Fahrzeug geprüft hat, dann bekommt man weitgehend Klarheit über die Zusatzarbeiten und die notwendigen Teile. Völlig korrekt! Im oben genannten Beispiel wurde die Preisnennung eines VW-Meisters vom „alten Schlag" dargestellt, die natürlich ebenfalls korrekt ist. Nur kämpft man mit einem althergebrachten Komplettangebot (aus Preismarketingsicht der „Super-Gau") gegen ein Lockvogelangebot aus der Marketingwelt des 21. Jahrhunderts.

Verkäufer aller Branchen sind generell versucht die Preise wie bei einer Salami klein zu schneiden: „Für 5 € am Tag bekommen Sie . . . oder je Kilometer kostet es Sie nur . . . !" Man versucht so den Kunden aufzuzeigen, dass ein Gesamtpreis in einer Relation zur Nutzung zu sehen ist und so relativiert wird. Auch das Aufteilen in verschiedene Arbeitsvorgänge ist mehr als legitim: Wir nennen den kalkulierbaren Inspektionspreis, der sich aus den vorgegebenen AWs ergibt und sagen dazu: „ . . . zuzüglich Nebenkosten und Teile!" Zwar weiß man aus Erfahrung, was dabei im Normalfall zusammen kommen könnte, aber man weiß es eben nicht genau, wenigstens nicht bis zu dem Zeitpunkt, wo man das Auto gesehen hat. Genau wie der Arzt aufgrund der Symptombeschreibung am Telefon eine vorläufige Meinung zur Diagnose geben kann, genaueres äußert er aber erst nach der sorgfältigen Untersuchung des Patienten.

In so manchen Seminaren hört man dazu Kommentare wie „das ist ja Bauernfängerei" oder ähnliches, wenn man über modernes Preismarketing spricht. Es steht uns dazu kein Urteil zu. Es ist nur festzustellen, dass es so am Markt propagiert wird und dass es den Kunden scheinbar gefällt, weil sie sich diesen Anbietern in Scharen zuwenden, und dass das Handeln gesetzlich gesehen einwandfrei ist. Wir haben uns dem zu fügen und gegebenenfalls daraus zu lernen. Vielleicht sind auch Sie der Meinung, dass z. B. *Media Markt* nicht so billig ist, so wie es uns „die Mutter aller Rabatte" immer wieder suggeriert. Trotzdem kaufen täglich zigtausende Kunden beim Unterhaltungselektronik-Riesen.

Speziell im Segment II und III müssen sich die Markenbetriebe auf dieses Preisgebaren am Markt einstellen und entsprechende Angebote entwickeln. Das alleine genügt aber noch nicht, man muss diese Angebote auch noch kommunizieren – und alle Mitarbeiter müssen in der Lage sein, diese Preisstrategien argumentativ gegenüber den Kunden und Interessenten anzuwenden. Die Betriebe müssen alle Mitarbeiter in Sachen „Preisargumentation" topfit machen. A.T.U bewirbt den Grundpreis für Inspektionen zzgl. Material. Dass dieser Preis als aktives Werbemittel benutzt wird, zeigen die vielen unterschiedlichen Angebote – für die gleiche Dienstleistung. Im Prinzip hat A.T.U wenig Interesse an der Durchführung der Inspektion, man wirbt um Fahrzeuge mit Servicebedarf, wohlwissend, dass der Inspektionspreis den kleinen Teil der Rechnung ausmacht (Beispiele finden Sie unter www.atu.de).

Nicht nur A.T.U und andere Fast-Fitter arbeiten erfolgreich mit dieser Methode. In anderen Branchen agieren viele Firmen ebenfalls mit Lockvogelangeboten, so wirbt z. B. Fielmann damit, dass Brillen nahezu zum Nulltarif zu haben sind. Trotzdem kostet die Brille bei diesen Augenoptiker-Meisterbetrieben im Durchschnitt 100,- € bis 200,- €. Mit der „NULL-€-Brille" wirbt Fielmann um schlecht sehende Menschen und „lockt" sie so in seine Filialen. Dort bekommt der Kunde eine qualitativ hochwertige Beratung und man bietet dem Interessenten verschiedene Brillen mit unterschiedlichen Vorteilen und auch Preisen an. Die Kunden wählen dann ein Angebot, das ihren Bedürfnissen aufgrund der erfolgten Beratung am besten zusagt und das liegt in 80 % bis 90 % aller Fälle jenseits der „NULL-€-Brille".

↗ **Abb. 7 _** Fielmann wirbt um schlecht sehende Menschen und nicht mit dem besten Komplett-Angebot. Das Preisversprechen „lockt" Kunden an und das Geschäft wird im Gespräch zwischen Kunde und Berater im Haus gemacht.

A.T.U wirbt also um Kunden mit Fahrzeugen, die einen Servicebedarf am Fahrzeug haben – und wirbt dafür mit dem Einsteigerpreis oder mit der günstigsten Möglichkeit, die es für die Dienstleistung gibt und gewinnt so Reparaturaufträge, die weit über das Lockvogelangebot hinaus gehen. Besonders weit verbreitet sind auch „Ab-Preise" (z. B. Sommerreifen 195/14 ab 29,- €). Mit dem geringsten Angebot werden Kunden geworben – und nicht mit dem Endpreis, der für viele Kunden nichts anderes als den finanziellen „Super-Gau" darstellt. Natürlich ist es dann die absolute Notwendigkeit, Mitarbeiter (Serviceverkäufer) zu haben, die in der Lage sind, den Interessenten das bessere (teuere) Angebot kundennutzenorientiert zu unterbreiten.

Fielmann sucht also schlecht sehende Menschen und wirbt damit, dass die Brille (fast) nichts kostet. Mittels der Beratungsleistung wird dann für beide Seiten das bestmögliche Angebot angestrebt. A.T.U wirbt um Fahrzeuge mit Wartungs- oder Reparaturbedarf – und bietet dazu nicht eine vollkommene Inspektion inklusive aller Nebenleistungen und Teile an, sondern lockt mit der günstigsten Leistung, die man bietet. Wie sollte man auch? Der Bedarf kann ja erst dann ermittelt werden, wenn man mit dem Kunden über seine Bedürfnisse spricht und am Fahrzeug den tatsächlichen Bedarf feststellt.

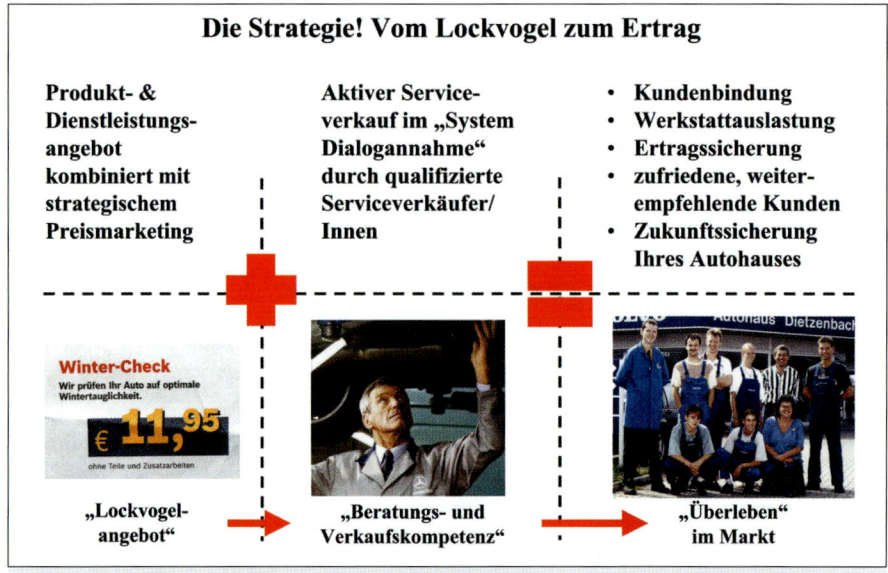

↗ **Abb. 8** _ Eine weit verbreitete Strategie: Mit Lockvogelangeboten werden Kunden ins Haus „gezogen", um dort mit bester Beratung für beide Seiten ein gutes Geschäft zu machen. Am Ende steht der zufriedene Kunde!

In allen genannten Fällen ist es so angelegt, dass man mit Lockvogelangeboten (dies ist hier im positiven Sinn gemeint) Kunden die Botschaft übermittelt, dass man günstige Angebote hat und an Ort und Stelle gemeinsam mit dem Kunden ein gutes Geschäft (ein Geschäft ist, wenn beide Seiten zufrieden sind!) macht. Die verkäuferische Leistung zählt und Verkaufen bedeutet immer Kundenzufriedenheit zu erzeugen. Am Ende muss es einen zufriedenen Kunden geben, das ist oberstes Gebot. Die Beratungsleistung muss kundenorientiert, objektiv und fair sein – die Kundenbedürfnisse müssen befriedigt werden, damit man eine dauerhafte Beziehung herstellen kann. Fielmann schafft das, A.T.U arbeitet daran! Und viele Unternehmen in den unterschiedlichsten Branchen machen es ebenso.

Preise richtig darstellen

Es gibt viele Varianten, um Preise darzustellen. Man kann sie klein schneiden, in Pakete verpacken, man kann sie verschleiern oder zwischen Vorteilen wie in einem Sandwich einpacken. Welche Methode angewandt wird, hängt vom damit verfolgten Ziel ab: Kunden im Segment II kann man damit gewinnen, dass man ein Angebot, wie z. B. Bremsen für die Vorderachse zu belegen, zum günstigen **„Fix-und-Fertig-Preis"** anbietet – beschränkt auf Fahrzeuge bis Baujahr 2002. Oder aber, man wirbt für die Inspektion inklusive Mobilitäts-garantie **„ab" 79,– €** zuzüglich Material, also man macht den Preis klein, man „schneidet" ihn in Scheibchen. Andere Angebote zielen wieder auf Einsteigerpreise ab: „Sommerreifen 195/14 ab 29,– €". Wer dies so anbietet, muss natürlich das Angebot notfalls auch liefern können, sonst wäre es unlauterer Wettbewerb und Betrug am Kunden. Ziel ist aber immer, den Kunden an Ort und Stelle z. B. davon zu überzeugen, dass der Reifen der Marke XY sehr viel mehr Vorteile bietet: „Dieser Markenreifen läuft länger, bremst kürzer, ist in der Kurve stabiler und hat sich seit Jahren millionenfach bewährt." Es ist nicht schwer zu ra-ten, welche Produkte nach einer eingehenden fachkundigen Beratung bevorzugt werden – obwohl die Kunden zuerst dem billigsten Angebot in das Geschäft gefolgt sind.

↗ **Abb. 9 _** Mit dem Preis kann man viel anstellen, so dass er für den Kunden akzeptabel erscheint (Quelle: mdw* Wagner & Wagner).

Wenn A.T.U den Ölwechsel für 19,– € anbietet (bis 4,5 Liter), dann verfolgt man dort nicht das Ziel möglichst große Mengen dieses Billigöls, das noch dazu für moderne Motoren ungeeignet wäre, zu verkaufen. Man zieht mit der Werbung für derartig günstige Ange-bote einfach Autos mit Servicebedarf – in diesem Fall der fällige Ölwechsel – ins Haus, um dann an Ort und Stelle mit kompetenter Fachberatung die Kunden zum besseren Angebot hinzuführen:

> **MUSTER**
>
> „Lieber Kunde, dieses Sonderangebot ist momentan aktuell. Für Ihr Auto empfehle ich Ihnen aber dieses Hochleistungsöl. Damit lebt der Motor Ihres Wagens länger und Sie sparen dazu noch bis zu 5 % Kraftstoff. So sparen Sie bei den aktuellen Preisen sogar mehr Benzin als der gesamte Ölwechsel kostet!"

Wie viele Kunden kaufen nun noch das Billigöl? Unter 20 %? Noch weniger?

Und, stellen Sie sich vor, A.T.U würde wie folgt werben: „Spitzen-Synthetik-Motoröl, 0W40, bestens geeignet für moderne Hochleistungsmotoren, z. B. Mercedes E-Klasse, 6,5 Liter, komplett 145,- €!" Was würde diese Werbung bewirken? Mit Sicherheit wäre die Menge an durchgeführten Ölwechseln in den A.T.U-Filialen sehr überschaubar.

Oder: Fielmann würde die Brille wie folgt bewerben: „Hochmodische Brille, super entspiegelt, Kunststoffgläser, bester Tragekomfort, federleicht, zwei Jahre Garantie, kostet 300,- €!" Solche Brillen werden tatsächlich bei Fielmann häufig verkauft, wäre aber die Werbung darauf aufgebaut, wäre dieser Filial-Krösus ein kleiner Optiker an der Ecke und nicht der unbestrittene Marktführer in Deutschland. Auch A.T.U wäre aus dem ehemaligen Zubehörgeschäft in der Oberpfalz kaum herausgewachsen. Dass die Strategie stimmt, beweist vielleicht folgender Gedanke: Angenommen, alle Autofahrer kommen die nächsten Wochen zu A.T.U und verlangen nur den Ölwechsel für komplett 19,- €. Oder alle Kunden gehen zu Fielmann und kaufen nur die „Null-€-Brille". Beide Firmengruppen hätten ab sofort keinen Spaß mehr am Geschäft, sie würden es sofort aufgeben. Denken wir auch an Aldi oder Lidl – und denken wir daran, dass alle Kunden immer nur die dort ausgelobten Sonderangebote kaufen würden – die Geschäfte würden ohne diese Lockvogel-Strategien einfach nicht funktionieren. Aber die Kunden bleiben dort nicht aus, ganz im Gegenteil, diese Anbieter gewinnen immer mehr Marktanteil dazu.

Die Branche muss zeitgemäßes Handeln lernen

Die notwendige Strategie ist also recht einfach: Mit interessanten Produkt- und Preisangeboten holt man Bedarf in die Werkstatt. Dort setzt eine fachlich wie emotional kompetente Beratung ein, die den Kunden ein bestmögliches, nutzenorientiertes Angebot macht, am besten auch so, dass der Kunde zwischen zwei oder mehreren Varianten wählen kann. Dann bekommt er die akkurate Leistung, die für seine Bedürfnisse am besten geeignet ist und die er selber ausgewählt hat. Das ist der Königsweg des ertragreichen Servicegeschäfts.

In vielen Betrieben haben wir aber das Manko, dass dort mit dem Preis eher wenig strategisch umgegangen wird, man bedient sich scheinbar lieber den althergebrachten Methoden. Auch ist ohne Vorbehalt anzumerken – und das ist nicht als Beschimpfung oder

Anklage zu bewerten – dass viele Serviceberater mit dem Thema Preis eher auf Kriegsfuß stehen, als dass sie dieses Marketinginstrument in ihre tägliche Arbeit – nämlich in die Kundengespräche – integriert hätten. Es ist aber die Frage zu stellen, wer seine Serviceverkäufer, die pro Jahr und pro Kopf bis zu einer Million Umsatz für den Verkauf an Serviceleistungen und Teilen zu verantworten haben, schon in Sachen aktivem Serviceverkauf trainiert hat, wobei die Grundausbildung zum GSB (geprüfter Serviceberater, ZDK-Lehrgang) nur als Basisschulung zu sehen ist. Trainiert heißt nicht nur, ein paar Stunden die Grundlagen schulen, sondern intensiv mit der Materie arbeiten und mit speziellen Übungen das neue Verhalten dauerhaft verbessern und verstärken. Wer hat seinen Serviceberatern in den vergangenen Jahren schon „erlaubt", dass sie sich auf dem Gebiet des „Verkaufens" weiter bilden? Alle verlangen den „aktiven Serviceverkäufer", doch in die Ausbildung dazu wollen nur wenige investieren. In der modernen Servicelandschaft gehört das Thema „Preis" und der Umgang damit zum Tagesgeschäft der Mitarbeiter. Da hört man zu als eine Kundin – wie man hinterher erfährt – sich nach dem Preis für einen „Assyst B" (große Inspektion) für einen Mercedes SLK erkundigt. Die Serviceassistentin ist mit dieser Anfrage aber völlig überfordert und verbindet sofort mit dem Serviceberater (bei Mercedes häufig immer noch mit „Meister" tituliert), der wiederum wörtlich sagt: „Das kann ich Ihnen so nicht sagen, das kommt darauf an . . . !" Welch' eine Preisauskunft! Welch' eine Blamage, wo denn außer im Fachbetrieb könnte man dazu Auskunft bekommen? Die Serviceassistentin gab danach noch kund, dass dies der erste Fall wäre – man hätte sich seitens der Kunden noch nie erkundigt, was so ein Assyst im Hause kostet und schließlich, wer diesbezüglich etwas wissen möchte, könne sich ja am Preisaushang orientieren, da stehen ja die AW-Werte drauf! Nochmals: Keine Kritik an den Mitarbeitern. Die Kritik muss an höherer Stelle geäußert werden, nur wenige haben es bislang für notwendig erachtet, die Servicemitarbeiter in Sachen Preisargumentation fit zu machen, sie auf die aktuellen Marktgegebenheiten einzustellen. So wird man in Zukunft garantiert große Probleme bekommen. Grundsätzlich wäre folgendes, generelles Vorgehen bei Preisanfragen empfehlenswert:

> „Vielen Dank dass Sie bei uns anfragen. Darf ich fragen in welchem Jahr Ihr SLK erstmals zugelassen wurde?"
>
> Entweder gibt es in Ihrem Angebot nun ein „Economy-Angebot" oder ein selbst definiertes Service-Paket für z. B. ältere Fahrzeuge:
>
> „Vielen Dank, für Ihr Fahrzeug haben wir ein spezielles Angebot, den fälligen Service bekommen Sie für Ihren SLK inklusive einer Mobilitätsgarantie für 12 Monate für komplett 159,- €. Dazu kommen noch die notwendigen Teile. Den kompletten Endpreis dafür können wir Ihnen gerne nennen, wenn wir Ihren Wagen in Ihrem Beisein zu Ihrer Sicherheit kurz durchchecken dürfen? Dann sehen wir, ob sonst noch alles in Ordnung ist und können Ihnen genau sagen, ob eventuell weitere Zusatzarbeiten notwendig sind. Darf ich vorab schon mal nach dem Kennzeichen Ihres Wagens fragen?"

MUSTER

Derartige Anfragen müssen von der in Preisgesprächen bestens ausgebildeten Serviceassistenz erledigt werden. Dafür muss jedes Autohaus interne Standards entwickeln und zwar solche, die Kunden anlocken statt sie abzuschrecken. Gerade im Service kann man die Preise „klein schneiden", man kann sie teilen oder in Pakete verschnüren. Alle Facetten des Preismarketings sind zu nutzen und vor allen Dingen muss den Mitarbeitern die Angst vor dem Preis genommen werden. Man muss sie ausbilden, damit sie souverän auf der Preisklaviatur spielen können. Häufig findet man in der Praxis genau das Gegenteil, man findet Mitarbeiter, die sich aus Angst vor dem Preis sogar mit dem Kunden solidarisieren und die billigste Machart suchen, obwohl man genau weiß, dass dies nicht unbedingt die beste Lösung für den Kunden ist. Wenigstens sollte man Alternativen aufzeigen können:

„Dies ist eine sehr preiswerte Lösung, andererseits kann ich Ihnen auch diese Art und Weise anbieten, die für Sie folgende Vorteile hat, nämlich . . ."

Ein höherer Preis muss für den Kunden immer mit einem Vorteil verbunden sein und schon reden wir nicht mehr vom Preis, sondern über unterschiedliche Qualitäten der Produkte oder der besonderen Ausführung der Arbeit oder der schnellen Erledigung. Wir reden also vom **Nutzen** für den Kunden.

Ein weiteres Instrument im Marketing-Mix ist „der Verkauf". Dazu bekommen Sie mehr Informationen im Kapitel 4, wenn es darum geht die Produkte in der Dialogannahme dem Kunden anzubieten, natürlich mit vorzüglicher Preis- und Nutzenargumentation.

In diesem Zusammenhang muss auch kurz das Thema „Rabatt" gestreift werden. Jeder Rabatt, der einen überlegten, strategischen Grund hat, ist dann gerechtfertigt, wenn man damit z. B. mehr Geschäftsvolumen gewinnen, einen unzufriedenen Kunden vor der Abwanderung retten oder wenn man so einen neuen Kunden gewinnen kann. Jeder Rabatt, der aber leichtfertig vergeben wird, quasi als Notwehr oder aus Feigheit vor dem Preisgespräch (manchmal ist es auch Unwissenheit), ist zu bekämpfen. Die folgende Abbildung zeigt wie aus 10 % Rabatt schnell 50 % Deckungsbeitragsverlust werden kann. Das hat unzweifelhaft erhebliche Auswirkungen auf das Geschäftsergebnis.

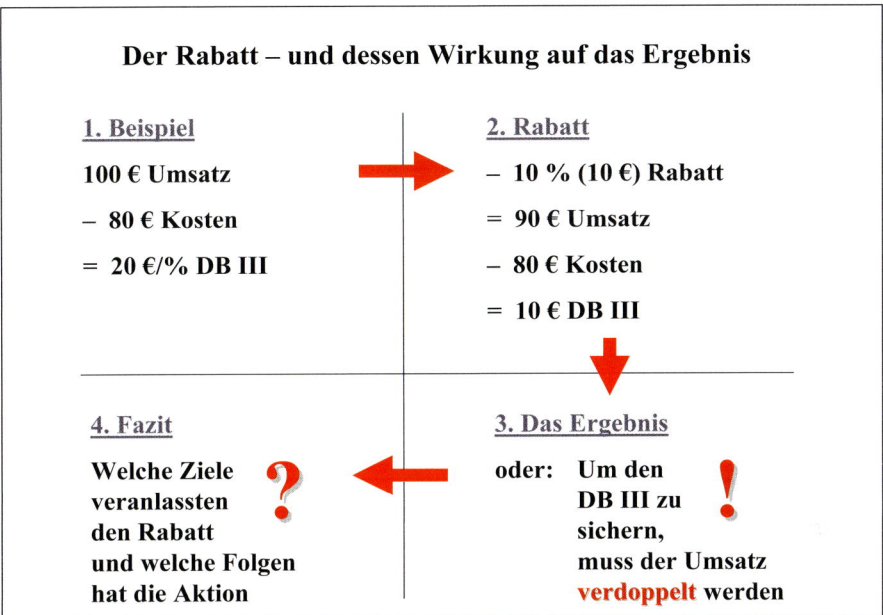

↗ Abb. 10 _ 10 % schnell eingeräumter Rabatt führen in diesem Beispiel zur Halbierung des DB III. Wer Rabatte gibt, muss gute Gründe dafür haben.

Zahlungsart und Finanzierung von Serviceleistungen

Man muss es erwähnen: Nicht immer ist Elektronik-Cash und Bezahlung mit Kreditkarten in allen Betrieben Usus, gar zu häufig stößt man immer noch auf den 6oer-Jahre-Jargon: „Reparaturen nur gegen Barzahlung!" Wenn Sie in Ihrem Hause noch so einen Hinweis finden, dann entfernen Sie diesen bitte umgehend! Ersetzen Sie diesen Spruch durch:

„Vielen Dank, dass Sie bei Abholung Ihres Fahrzeuges die Rechnung sofort begleichen. Wir bieten Ihnen folgende Zahlungsmöglichkeiten an:

**Teilzahlung ab 500 €
Rechnungswert
in 12 Monatsraten.
Wir beraten
Sie gerne.**

↗ **Abb. 11** _ Zeigen Sie Ihren Kunden die möglichen Zahlungsarten, die Ihre Kunden nutzen können.

Es gibt ja eine Jahrzehnte alte Regel, nach der die Serviceberater bei der Auftragserstellung den Kunden sofort danach fragen sollen, wie er bei Fahrzeugabholung die Rechnung begleichen möchte, um dann sofort die Zahlungsart anzukreuzen. Leider findet man in der Praxis nur selten entsprechend ausgefüllte Auftragsformulare. Schade, denn die Zahlung ist natürlich ein wichtiger Faktor bei der Auftragserfüllung und es ist zwingend notwendig, dass wir dem Thema **„Auto fertig – Rechnung fertig"** näher kommen. Für die Serviceberater sollte bei der Fertigstellung des Werkstattauftrages, zeitgleich mit der Einholung der Unterschrift, folgende Frage zur Gewohnheit werden:

„Lieber Kunde, wenn ich Sie nun hier noch um Ihre Unterschrift bitten darf und bitte kreuzen Sie gleich an, welche Zahlungsart Sie bei Abholung Ihres Fahrzeuges bevorzugen."

Das muss in einem Atemzug gehen – und wenn der Kunde kommt, genügt für die Serviceassistenz ein Blick auf den Auftragsdurchschlag, um die richtige Zahlungsart vorzubereiten:

„Wie von Ihnen gewünscht wollen Sie mit EC-Karte bezahlen, ich habe soweit schon alles vorbereitet . . . !"

Neben diesem kleinen Hinweis zur Barzahlung, sollte aber auch die Finanzierung für Serviceleistungen in Ihrem Hause eine Normalität sein, es ist die Finanzierung von Serviceleistungen und Zubehör gemeint. Größere Reparaturen, z. B. ab 500,- € oder Zubehörverkauf ab einer ähnlichen Größenordnung, sollten gleichzeitig mit einem Finanzierungsangebot ausgezeichnet werden. Werben Sie dafür, dass Ihre Kunden Ihre Leistungen auch in sechs, zwölf, achtzehn oder mehr Monatsraten bezahlen können. Für viele Ihrer Kunden ist dies ein wünschenswertes Thema. Bedenken Sie bitte, wie viele Dienstleistungen und Teile- und Zubehörartikel Ihre Kunden in anderen Geschäften kaufen, nur weil man diese dort mit Teilzahlung erhält. Beginnen Sie schon bei der Preisauszeichnung damit, den Barpreis und gleichzeitig die Finanzierungsrate anzugeben:

Ein kompletter Satz Winterräder 800,- €
oder 12 Monatsraten á 75,- €*

Natürlich müssen Sie die Darstellung der Finanzierung gemäß der gesetzlichen Vorschriften machen, Ihre Finanzierungsbank berät Sie dazu sicher gerne. Es ist auch notwendig, dass Sie in Ihrer Servicewerbung diese Preisangebote sofort mit Finanzierungsangeboten ergänzen und in der Dialogannahme und im Kassenbereich sollten Sie ein Plakat wie folgt aushängen:

Gerne können Sie die Reparatur- und Zubehörrechnung ab 500,- € in Teilbeträgen
bezahlen.
Beispiel: Ihre Servicerechnung für 500,- € bezahlen Sie bequem in 12 Monatsraten ab
45,- €*
* Bitte an die gesetzlichen Angaben denken.

Es ist festzustellen, dass die Finanzierung für viele Haushalte einfach zwingend notwendig ist und Servicemarketing bedeutet immer, die Wünsche der Kunden zu erkennen und diese zu erfüllen. Wer also das Thema „Teilzahlung von Serviceleistungen" immer noch nicht in das Angebotsspektrum aufgenommen hat, hat im Marketing noch einige Hausaufgaben zu

---

Anmerkung des Verfassers
Mein Credo lautet ausnahmslos: Offen, ehrlich, transparent und zum Nutzen des Kunden handeln ist die Maxime. Kunden niemals übervorteilen, gar betrügen oder wissentlich zum eigenen Vorteil falsch beraten! Um die Kunden qualitativ bestens beraten zu können, um ihnen das für ihren Bedarf bestmögliche Angebot unterbreiten zu können, müssen wir natürlich zuerst ins Gespräch kommen, wir müssen den tatsächlichen Bedarf klären, um darauf aufbauend das richtige, kundenorientierte Angebot erstellen zu können. Deshalb ist es erforderlich, dass wir uns den Gegebenheiten des Marktes stellen. Aktives Preismarketing ist heutzutage unerlässlich, um nicht im harten Wettbewerb unterzugehen. Setzen wir dieses Mittel also dazu ein, um Bedarf in unser Haus zu ziehen und um so mit fachlicher und emotionaler Kompetenz den Kunden die beste Leistung zum fairen Preis angedeihen zu lassen. Damit erzeugt man Kundenzufriedenheit und weiterempfehlende Stammkunden.

erledigen. Denken Sie bitte daran, ob man z. B. mit einem angespannten Haushaltsbudget gerade bei Ihnen einen neuen Satz Reifen kaufen könnte?

Fazit zum Thema „Preis"

- Die althergebrachte Preisdarstellung ist out. Das günstige Serviceangebot muss vorgestellt werden. Dazu nutzen „Ab-Preise", Preise für Teilleistungen, Ratenpreise u. v. a. m. – letztlich sind alles Lockangebote, die einen bestimmten Bedarf in die Werkstatt locken sollen, um dann ein für beide Seiten sauberes Geschäft zu machen.
- Für bestimmte Fahrzeugsegmente muss eine besondere Kalkulation erstellt werden, um zum Beispiel Verschleißarbeiten günstig anbieten zu können. Im Markt entscheidet bei den wichtigsten Reparaturarbeiten jenseits von Segment I hauptsächlich der Preis.
- Lockvogelpreise sind nicht dazu da, um Kunden über den Tisch zu ziehen – sie sind im aktuellen Wettbewerb, um Kontakte zu Interessenten herzustellen und sie sind der Anfang einer bestmöglichen Beratung, die dem Kunden das beste Ergebnis bringen soll.
- Jedes Haus muss seine „Lockvögel" definieren, um am Markt Kunden zu gewinnen oder um auch den Stammkunden damit zu sagen: Du musst nicht zum Wettbewerber gehen, wir haben ähnliche Angebote – und die sogar vom Fachbetrieb.
- Der Preis ist dazu da Kunden anzulocken, das Geschäft müssen die Serviceverkäufer machen. Die Mitarbeiter, vor allen Dingen Serviceberater und Serviceassistent, müssen in der Angebots- und Preisargumentation sattelfest sein. Der Preis gehört heute zum Service wie das Amen in der Kirche.

3.3 _ Die richtige Werbung

Folgende Betrachtung gilt für die Mehrzahl aller Markenautohäuser: Die Ausgaben für die Bewerbung der Serviceleistungen des Hauses sind eher gering und tendieren manchmal sogar gegen Null. Ein Paradoxon ist, dass man dem Unternehmensbereich, mit dem man das meiste Geld verdient, also dem Aftersales, das geringste Werbebudget zuordnet. Das mag vielleicht früher richtig gewesen sein, warum sollte man für die Werkstatt noch werben, wenn der Auftragsvorlauf sowieso schon vier Wochen betrug und jeder weitere Kunde das Problem nur noch verstärkt hätte. So mancher hat aber den Zeitenwechsel scheinbar noch nicht mitbekommen und lebt immer noch in der Vergangenheit, wo man damals für Fahrzeuge, die nicht im eigenen Hause gekauft wurden, „leider" keinen Termin in der Werkstatt frei hatte oder wo man einem Kunden, der seine Räder gewechselt haben wollte, lieber empfahl er möge doch besser zum Reifenhändler an der nächsten Ecke gehen.

Jedes Autohaus ist heute darauf angewiesen, jede sich bietende Umsatzchance wahrzunehmen und mit geeigneten Werbemaßnahmen dafür zu sorgen, dass die Interessenten die Angebote des Hauses wahrnehmen und das gute Geld nicht zur Konkurrenz tragen. Die Zeiten mit „Null-Budget" für den Aftersalesbereich sind ein für alle Mal vorbei. Das Weh-klagen darüber, dass so viele Kunden zu den Fast-Fit-Ketten abwandern, sollte auch mal unter folgendem Aspekt betrachtet werden: In welcher Form und mit welcher Intensität wurden in der Vergangenheit die Kunden über Serviceangebote des Hauses informiert?

Erstaunlich ist, welche Angebotsvielfalt Markenwerkstätten heute bieten und so kann man die Werbebotschaft nicht nur auf die Bekanntmachung des Standortes aufbauen, sondern man kann auch die unterschiedlichsten Angebote, die weit über die Basisleistungen wie Inspektion oder Reparaturen hinausgehen, in den Kommunikations-Mix aufnehmen. Dass dies auch dringend notwendig ist, beweist die Tatsache, dass viele Kunden, die ansonsten loyal zu ihrer Werkstätte stehen, so manche zusätzlichen Leistungen an anderer Stelle einkaufen, nur weil sie meinen, dass der Stammbetrieb dies eben nicht anbietet. Manche halten es für nicht notwendig „banale" Leistungen werblich hervorzuheben, weil man annimmt, dass dies alle Kunden sowieso wissen und sie werden schon kommen, wenn sie was brauchen. Ein Irrtum! Die Frage sei erlaubt, warum so viele Glasspezialisten in Deutschland Fuß fassen konnten? Welche Werkstätte ist denn nicht in der Lage, Scheiben zu reparieren oder zu tauschen? Die andere Frage lautet: Aber wer hat es seinen Kunden und darüber hinaus dem gesamten Markt im Umfeld seines Betriebes gesagt? Von „nix kommt nix!" Und noch ein Sprichwort, das alle kennen: **„Eier legen alleine genügt nicht – man muss auch dazu laut gackern!"** Prüfen Sie genau, ob Ihr Betrieb laut genug „ga-ckert"!

Darüber hinaus ist festzustellen, dass die häufig geübte Praxis, das Werbebudget voll und ganz für den Fahrzeugverkauf einzusetzen, eben nicht mehr gültig ist. Das Servicegeschäft braucht heute ein eigenständiges Werbebudget, es muss eine individuelle Werbestrategie und -planung aufbauen – losgelöst von allen anderen Abteilungen.

Fazit zum Thema „Werbe-Budget"

- Die Zeiten des „NULL-Budget" im Servicegeschäft sind vorbei.
- Im harten Wettbewerbsumfeld muss man die Kunden über die Produkt- und Dienstleis-tungsangebote des Hauses informieren.
- Einerseits sind die eigenen Kunden zu informieren, andererseits muss man mit geeig-neten Werbeinstrumenten den Markt bearbeiten, um ständig neue Kunden gewinnen zu können.

3.3.1 _ Die wichtigsten Werbestrategien zur Bewerbung Ihrer Serviceleistungen

Genau wie es für Ihre Marketing-Strategie den Marketing-Mix gibt, können Sie für den Aufbau Ihrer Werbekonzeption den Kommunikations-Mix einsetzen. Auch hier geht es um einen „Mix", also um eine Mischung verschiedener Maßnahmen, mit dem Sie die von Ihnen definierte Zielgruppe mit Ihrer Werbebotschaft bestmöglich erreichen können. Dabei werden den einzelnen Werbeinstrumenten gezielte Wirkungsweisen zugeordnet, so unterscheidet man generell in:

Klassische Werbung wie z. B.
- Printwerbung – Anzeigen in Zeitungen und Zeitschriften
- Radiowerbung – Werbespots
- TV-Werbung – Fernsehspots, geeignet für Betriebe, die in der Reichweite eines Regionalsenders liegen
- Kinowerbung – speziell für Botschaften an jüngere Zielgruppen
- Verkehrsmittelwerbung – Werbeanbringung an Bussen, der Bahn oder anderen öffentlichen Verkehrsbetrieben
- Plakatwerbung – zum Beispiel Plakate an Litfass-Säulen

Direktwerbeinstrumente
- Mailing – der allseits bekannte Werbebrief
- Telefon – das Power-Instrument für Ihre direkte Werbung
- der Handzettel – z. B. der Car-Sticker, mit dem Sie Ihre Werbebotschaft direkt an Ihre künftigen Kunden bringen
- Hauswurfsendungen – mit denen Sie Handzettel, Info- und Aktionszeitungen in die Briefkästen Ihrer Zielgruppe transportieren

Ausnahme Internet
- Das Internet verbindet beide Werbestrategien – einerseits schicken Sie Ihre Werbung ins „world wide web" – andererseits können Sie direkt auf Kundenanfragen reagieren und Ihre Kunden z. B. auch mit Newslettern versorgen.

Generell kann man folgende Einteilung vornehmen:
Klassische Werbeinstrumente dienen der generellen Marktbearbeitung. Man schaltet z. B. eine Werbeanzeige in der Tageszeitung und versucht so die Leser für das entsprechende, mit der Printanzeige beworbene Produkt oder die Dienstleistung zu gewinnen. Man sendet die Werbebotschaft also an eine unbekannte Zielgruppe. Diese Werbung ist vor allen Dingen zur **Neukundengewinnung** geeignet, zur Information der bestehenden Kunden ist diese Art und Weise ungeeignet, denn wenn man seine Zielgruppe namentlich kennt und die Adresse oder wenigstens die Telefonnummer besitzt, dann ist die **Direktwerbung**

sehr viel effizienter als die mit großen Streuverlusten behaftete klassische Werbung. Mit Mailing und Telefon kann man bei seinen **Stammkunden oder bekannten Interessenten** sehr viel mehr erreichen als mit einer Anzeige oder einem Radiospot. Die direkte, gezielte Ansprache ist einer Streuwerbung immer vorzuziehen.

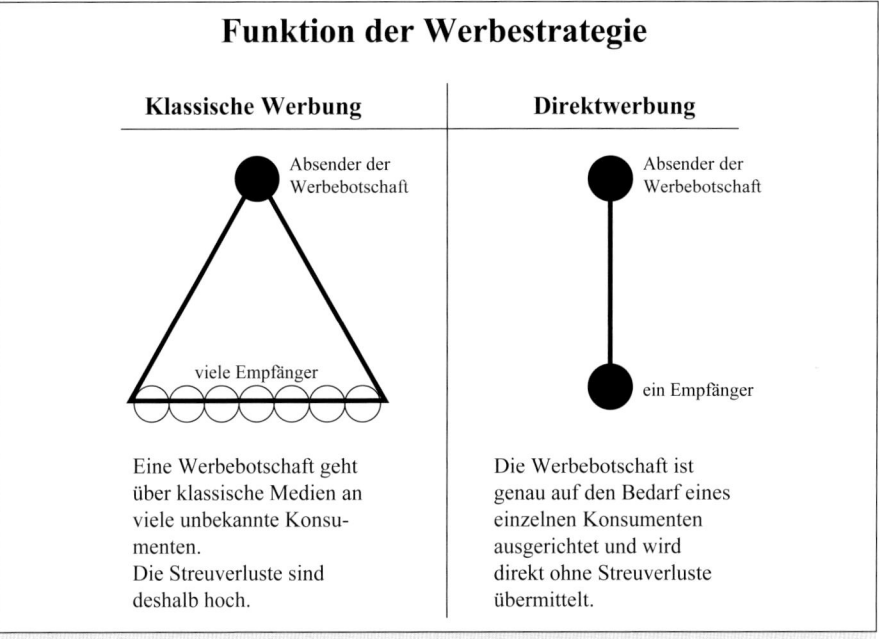

Funktion der Werbestrategie

Klassische Werbung	Direktwerbung
Absender der Werbebotschaft	Absender der Werbebotschaft
viele Empfänger	ein Empfänger
Eine Werbebotschaft geht über klassische Medien an viele unbekannte Konsumenten. Die Streuverluste sind deshalb hoch.	Die Werbebotschaft ist genau auf den Bedarf eines einzelnen Konsumenten ausgerichtet und wird direkt ohne Streuverluste übermittelt.

↗ **Abb. 12** _ Klassische oder Direkt-Werbung: Das Werbeziel bestimmt den Einsatz der Werbemedien.

Für jedes Werbeziel ist also das richtige Werbeinstrument auszusuchen und entsprechend einzusetzen; einen kleinen Überblick über Medium, Instrument und Einsatzzweck bietet die folgende Tabelle:

Auswahl und Einsatz der klassischen Werbeinstrumente		
Medium	**Instrument**	**Beispiele zur Nutzung**
Radio	Radio-Spot	Zeitgebundene Aktionen, z. B. Einladung zum Sicherheits-Check speziell für überfabrikatliche Angebote zur Neukundengewinnung.
Verkehrs-mittelwer-bung	Beschriftung	Zur Förderung des Bekanntheitsgrades des Servicebetriebes.
TV	TV-Spot	Nur über regionale TV-Sender, sinnvoll zur Produkt- und Imagewerbung. Geeignet für Servicewerbung mit großem Marktvolumen (z. B. VW, Opel, Ford).
Kino	Kino-Spot	Bevorzugt für Imagewerbung, Zielgruppe hauptsächlich jüngere Leute.
Plakat	Großflächen-Plakat	Produktwerbung, spielt für Servicemarketing keine Rolle, außer für Plakate am Servicebetrieb in Richtung des fließenden Verkehrs.
Print	Zeitungs-anzeigen	Das wichtigste Werbeinstrument für den Automobilhandel, wenn es darum geht aktive Marktbearbeitung zu betreiben. Teilweise auch für überfabrikatliche Werbung geeignet.
Auswahl und Einsatz der direkten Werbeinstrumente		
Medium	**Instrument**	**Beispiele zur Nutzung**
Internet	Homepage, Newsletter	Präsentation des Leistungsspektrums, aktuelle Angebote, Aktionswerbung, Newsletter an Kunden.
Hauswurf-sendung	Infoblätter, Aktionszeitung	Aktivierung von Nichtkundenpotenzialen in speziell definierten Wohngebieten.
Handzettel	Car-Sticker	Neukundenwerbung mit konkreten, fahrzeugbezogenen Angeboten (z. B. Segment II und III).
Mailing	Werbebrief	Spezielle, personen- und fahrzeuggebundene Angebote, Einladungen, persönliche Grüße, Vorstufe zum direkten Verkaufsgespräch.
Telefon	Werbeanrufe	Spezielle, personen- und fahrzeuggebundene Angebote, Kundenzufriedenheitsanalysen, Rückgewinnung verlorener Kunden, Neukundengewinnung, Terminabsprachen.

Die Werbeinstrumente im praktischen Einsatz, einige Beispiele aus der Branche

Die klassischen Werbemittel – also TV, Radio oder Printwerbung – spielen im Service keine große Rolle. Diese Aussage trifft auf die Markenwerkstätten zu, nicht aber auf die Kettenbetriebe und damit ist auch gleichzeitig der Hintergrund für diese Aussage geklärt. Der Markenhändler begrenzt seine Werbung logischerweise auf sein Einzugsgebiet, während eine Fast-Fit-Kette ihre Werbung bundesweit schalten kann und so die zu bewerbenden Haushalte erreicht. TV, Radio und großflächig verteilte Wurfsendungen sind deshalb geeignete Verfahren, um neue Kunden zu gewinnen und bestehende Kunden zum wiederholten Aufsuchen der Werkstätte zu animieren.

Für einen Markenbetrieb wäre dies nicht nur zu aufwändig, auch wäre der Streuverlust viel zu groß. Angenommen ein Ford-Betrieb mit einem auf „Räder stehenden" Fuhrpark-Marktanteil von 10 % schaltet einen Radio-Spot für die Inspektion für Ford-Fahrzeuge bis Baujahr 1999 (Segment II) zum Sonderpreis von 99,- €. Dabei müsste man bei Auswahl dieses Mediums einen Streuverlust von rund 90 % hinnehmen, denn einen Toyota-Besitzer interessiert diese Werbebotschaft in keiner Weise. Der Ford-Kollege wäre also besser beraten in seiner Stammdatei die Fahrzeuge auszusuchen, die für das spezielle Angebot infrage kommen, um dann die Werbebotschaften per Direktwerbung (Mailing) zu versenden. Um mit der ausgewählten Leistung neue Kunden gewinnen zu können, wäre es erfolgreicher ein weiteres Direktwerbinstrument einzusetzen, nämlich die Verwendung von Car-Stickern mit denen das Sonderangebot direkt an die Windschutzscheiben der betreffenden Fahrzeuge gebracht wird – und diese Bedarfsträger (Briefkästen auf Rädern) stehen in großer Anzahl auf der Straße.

Zu jeder Werbeaktivität ist also das geeignete Medium mit dem passenden Werbeinstrument auszusuchen und zwar ausschließlich unter dem Aspekt, wie die Werbebotschaft möglichst effektiv und effizient die ausgewählte Zielgruppe erreicht.

In diesem Zusammenhang taucht auch immer wieder die Frage nach der Höhe des Werbeetats auf, eine häufig genannte Größe ist dabei „ein Prozent vom Umsatz!" Diese Antwort kann man so nicht stehen lassen, die **Höhe des Werbebudgets** errechnet sich aus folgenden Überlegungen:

1. Am Anfang steht die Frage nach dem **Werbeziel**! Wer dies so definiert: „Wir wollen mehr Serviceumsatz machen", liegt leider falsch. Ein sauber definiertes Werbeziel kann zum Beispiel sein: „Wir wollen im Bereich unserer Kunden mit Fahrzeugen älter als 4 Jahre eine Verbesserung der Serviceloyalität um 20 % erreichen." Mit dieser klaren Formulierung des Werbeziels kann man sofort die geeigneten Werbemedien mit dem dazugehörigen Werbeinstrument auswählen und man kann dann auch den Umfang der Kam-

pagne ermitteln und daraus Schlüsse über die vermutlich anfallenden Kosten ziehen. In diesem Fall ist mit größter Wahrscheinlichkeit eine Mailingaktion angesagt, eventuell unterstützt durch diverse Aktionen am POS (Point-of-Sale) und begleitender Werbung auf der Homepage. Ein anderer Serviceleiter definiert sein Werbeziel folgendermaßen: „Wir wollen in der nächsten Periode im Bereich Segment II fünfzig neue Kunden mit Fahrzeugen unserer Marke gewinnen." Ein klarer Fall für den Einsatz von Car-Stickern!

2. Nachdem das Werbeziel formuliert ist, ist die Frage zu klären, mit **welchem Medium** man die angestrebte Zielgruppe erreichen kann. Ob das ein klassisches Werbeinstrument oder ein direktes ist, wird ausschließlich durch das Werbeziel bestimmt, das man dann in praktische Maßnahmen umsetzt.

3. Mit der Bestimmung des Mediums und des Werbeinstrumentes erfolgt die **Gestaltung**: der Text und das Layout des Mailings, das Telefonskript, die Werbeanzeige, den Info-Flyer oder andere Werbemittel.

4. Wenn alle bisher aufgeführten Fragen geklärt sind, kann man die **individuellen Kosten** für die Werbeaktion ermitteln.

Wer also die „Ein-Prozent-Regel" ins Feld führt, gibt damit einen Durchschnittswert an, der aus der Branche bekannt ist – aber diese Größe zeigt nur was Kollegen so allgemein in die Werbung investieren und gibt in keiner Weise Auskunft darüber, wann welcher Werbeeinsatz wirklich notwendig ist.

Hier ein **Beispiel**: Ein Händler mit einer japanischen Marke ist seit noch nicht allzu langer Zeit im Markt tätig. Er beschäftigt im Service zurzeit zwei Monteure und einen Serviceberater. Diese Größenordnung verlangt zwingend ein rasches Wachstum, weil er ein äußerst unglückliches Verhältnis zwischen produktiven und unproduktiven Kräften hat und so kaum Geld verdienen kann. Also: Es müssen mehr Kunden ins Haus kommen! Würde er nach Altväter-Sitte nun die Regel anwenden, die ihm ein Budget von einem Prozent vom Umsatz vorgibt und unter Berücksichtigung allgemeiner Parameter – wie z. B. jeder Mechaniker schafft 1.400 Stunden pro Jahr á 65 € – so bekommen wir aus 182.000 € Lohnumsatz 1.820 € p. a. für die Werbung bereit gestellt. Damit müsste man Neukunden für 1.400 Stunden Arbeit pro Jahr beschaffen. Eine sehr schwierige, nahezu unmögliche Aufgabe, auch weil das Werbeziel (wir wollen 700 neue Servicekunden mit Fahrzeugen unserer Marke – unter Annahme, dass diese pro Jahr einen Werkstattaufenthalt mit einem Auftragsvolumen von durchschnittlich zwei Arbeitsstunden generieren) extrem anspruchsvoll ist. Auch unter Einbeziehung des Teileumsatzes kommt man mit dieser Aufgabe nur unwesentlich weiter, man merkt sofort, dass man zur Erreichung des Werbeziels ein Vielfaches über dem „1 %-Budget" benötigt. Auf der anderen Seite gibt es einen alteingesessenen VW-Betrieb mit sehr hohem Bekanntheitsgrad und hohem Service-/Teileumsatz auf einer viel befahrenen Straße. Hier kann man davon ausgehen, dass vielleicht 1 % vom Serviceumsatz zum Erreichen der Werbeziele ausreichen könnte.

Welche Werbung ist wirksam?

Diese Frage kann ausschließlich der Kunde beantworten! Erstaunlich ist, dass viele Betriebe, die Geld für ihre Werbung ausgeben, diese Frage nicht stellen und die Antwort nach Effektivität und Effizienz im Dunklen lassen. Dabei wäre es sehr einfach zu erfahren, welche Werbung beim Kunden ankommt, für was man das Geld richtig investiert hat und welche Ausgaben man besser lassen sollte. Eine ganz einfache Methode zur Ermittlung der Werbewirksamkeit ist, dass man Neukunden im Service ganz kurz beim ersten Aufenthalt befragt, wie sie auf das Haus aufmerksam wurden? Mit einer banalen Strichliste kommt man rasch zu interessanten Ergebnissen und kann so das Budget sehr viel erfolgreicher einsetzen, als wenn man mit Mutmaßungen arbeitet oder gar dem alten Spruch von Henry Ford I. folgt, der damals beklagte, „dass die Hälfte aller Werbeausgaben zum Fenster hinaus geworfenes Geld ist", das war um 1890, heute könnte dem Manne geholfen werden!

Wie wurde der neue Kunde auf uns aufmerksam?	
Kinowerbung	I I I I I
Empfehlung	I I I I I I I I I I I I I I I I I
Zeitungsinserat (welche Zeitung?)	I I I I I
Internet	I I I I I I I I I I I I I
Lage des Hauses	I I I I I I I I
TV-Werbung	I I
Radio-Werbung	I I I
Aktionen/Events	I I I I I I I I I
Mailing	I I I I I I I I I I I I I I

Auf den folgenden Seiten sehen Sie einige **Beispiele** speziell direkter Werbemittel aus der Praxis mit einigen **Tipps**, die für Ihre praktische Anwendung nützlich sein können.

3.3.2 _ Mailings und Newsletter

Zuerst sollte man an dieser Stelle ein wenig über die Mailings – die altbekannten Werbebriefe – plaudern. Und dazu soll auch noch eine Branchenkritik vorweg erwähnt werden: Im Automobilgeschäft und hier speziell im Bereich der Werbung wird sehr emotional gehandelt, wenig faktisch und vor allen Dingen steht das ICH häufig im Vordergrund: „Diese Werbung gefällt MIR nicht . . .", so hört man oder mit „ . . . diese Art von Kundenansprache finde ICH nicht gut . . .", wird ein spezielles Werbeinstrument kommentiert. Die Empfehlung kann nur lauten: Das **ICH** muss raus und dafür ist auf das **SIE** umzuschalten. Dies will sagen, dass nicht **UNSERE** Ansichten über Werbung wichtig sind, sondern ausschließlich diejenigen, welche unsere Kunden darüber haben. Das ist der Maßstab für die Werbung und den Einsatz der Mittel. Anzumerken ist auch, dass man z. B. die Rechts- und Steuerberatung wie selbstverständlich außer Haus an Fachleute vergibt, die Werbung aber mit Hausmitteln ohne zureichende Erfahrung oder gar spezieller Ausbildung selbst erledigt. „Der Chef hat wieder mal einen tollen Werbebrief getextet!" Na ja – hoffentlich wirkt der Brief dann auch so gut wie alle meinen. Diese generelle Betrachtung steht deshalb hier im „Absatz Mailing", weil die Art und Weise der Werbebetrachtung in Sachen Werbebriefe so manche Kapriolen schlägt: „**WIR** schicken keine Werbebriefe an unsere Kunden, weil die Briefkästen dort verstopft sind!" Erstens, woher wollen wir das wissen und zweitens, sollten wir es den Briefempfängern überlassen, welche Post sie für lesenswert und welche sie für den Müll bestimmen wollen. „Werbebriefe finde **ICH** blöd, **ICH** werfe alle grundsätzlich ungeöffnet fort", deshalb versenden **WIR** im Autohaus auch keine Mailings! Eine fatale egozentrische Fehleinschätzung. Dieser, doch häufig anzutreffenden Meinung, kann man nur begegnen: „Falls der Brief einen Absender hat, insbesondere den eines Autohauses und an den Empfänger persönlich adressiert ist, dazu auch noch frankiert versendet wurde, dann liegt die Chance, dass er vom Adressaten geöffnet wird, bei nahezu 100 %! So viel zur Meinung, Mailings würden in den Papierkorb wandern!

> „Die Hälfte aller Werbeausgaben ist Geld,
> das man zum Fenster hinaus wirft –
> ich weiß aber nicht, welche Hälfte es ist!"
> (Henry Ford I.)

! Dazu noch ein Hinweis: Wenn Sie nicht an Ihre Kunden schreiben, wird es eines Tages Ihr schlimmster Konkurrent tun!

Gestalten Sie Werbebriefe so, dass sie auch gelesen werden

Mit modernen EDV-Programmen ist die verkaufsfördernde Gestaltung von Mailings keine Hexerei mehr. Wenn man sich früher voll und ganz auf den Text konzentrierte, so kann man heute auch mit farbigen Bildern arbeiten und die Briefe so sehr viel attraktiver gestalten als früher (Muster dazu siehe Kap. 4). In der folgenden Darstellung sehen Sie vorab zur Verdeutlichung der Aussage ein Mailing eines Mercedes-Betriebes an seine Kunden. Dabei lacht der Absender des Mailings in entspannter Pose seinen Kunden entgegen und

mit der Bilderleiste am Ende des Textes werden die inhaltlichen Aussagen nochmals un-
terstrichen. Für alle Skeptiker bleibt nun die Frage zu beantworten, welcher Kunde dieses
Hauses den Brief nicht lesen würde?

 Mercedes-Benz

Autohaus **Jean Rauch**
Autorisierter Mercedes-Benz Service-
partner der DaimlerChrysler AG
Autorisierter Vermittler der
DaimlerChrysler AG für Mercedes-Benz

Prädikat: Service mit Stern

Autohaus Jean Rauch GmbH   Moselstraße 59   63452 Hanau

Firma
Name

Straße
Ort

Jean Rauch ist am Ball:
Anstoß für die warme Jahreszeit.

Sehr geehrte Kundinnen und Kunden,
liebe Freunde unseres Hauses,

mit Freude legen wir Ihnen die NN. Ausgabe unseres "Stern Reports" vor. Wieder dürfen wir Sie über
aktuelle Themen aus dem Hause Jean Rauch informieren.

Das Fußballfieber wird unser Land schon in wenigen Wochen erfassen und die Vorboten dazu finden Sie
schon in dieser Ausgabe. Bei Jean Rauch bekommen Sie alle Fanartikel zur WM - kommen Sie und lassen
Sie sich von der WM-Vorfreude erfassen!

Lesen Sie in dieser Ausgabe bitte auch über die neue "R-Klasse" von Mercedes, dem neuen "Sprinter"
und dem praktischen "Express-Service". Erleben Sie die vielfältigen Serviceleistungen bei Jean Rauch.

Starten sie jetzt mit einem frischen Auto in die warme Jahreszeit, kommen Sie zu Jean Rauch zum
Frühjahrscheck und Räderwechsel. Wir laden Sie dazu herzlich ein.

Walter Rauch
Walter Rauch

Jean Rauch

Rechtsform: Jean Rauch & Sohn GmbH
Sitz der Gesellschaft: Hanau
Handelsregister: Hanau HRB-Nr. 2172
Geschäftsführer: Walter Rauch
USt-IdNr.: DE112865440
Steuer-Nr.: 02235930066

Sparkasse Hanau, BLZ 506 500 23, Konto-Nr. 10 080 141
Frankfurter Volksbank BLZ 501 900 00, Konto-Nr. 6 001 503 047
Deutsche Bank BLZ 506 700 09, Konto-Nr. 348 805
Dresdner Bank Hanau BLZ 506 800 02, Konto-Nr. 730 070 000
Portgiro Frankfurt/Main BLZ 500 100 60, Konto-Nr. 53 19-608

Moselstraße 59
63452 Hanau/Nord
Telefon 06181 1860-0
Telefax 06181 1860-109
www.rauch.mercedes-benz.de

↗ **Abb. 13** _ Mailings müssen nicht langweilig sein: Ein Bild sagt mehr als 1000 Worte!
(Beispiel-Mailing Autohaus Rauch, Hanau)

Mailingvariante Postkarte

Eine weitere Möglichkeit ist die Kundeninformation per Postkarte (Originalbeispiel in Abb. 14 auf Seite 74) zu versenden. Hier übernimmt das Bild eine starke inhaltliche Position, das heißt es unterstützt den Text, der deshalb stark reduziert werden kann. Diese Art und Weise hat mehrere Vorteile: Erstens wird ein knapp gehaltener Text eher gelesen als eine mehrseitige Darstellung und das Bild hat eine starke „eyecatcher-Funktion (eye – das Auge, catch – packen; also etwas, das die Aufmerksamkeit des Lesers stark anzieht), das die gesamte Wahrnehmung stark unterstützt.

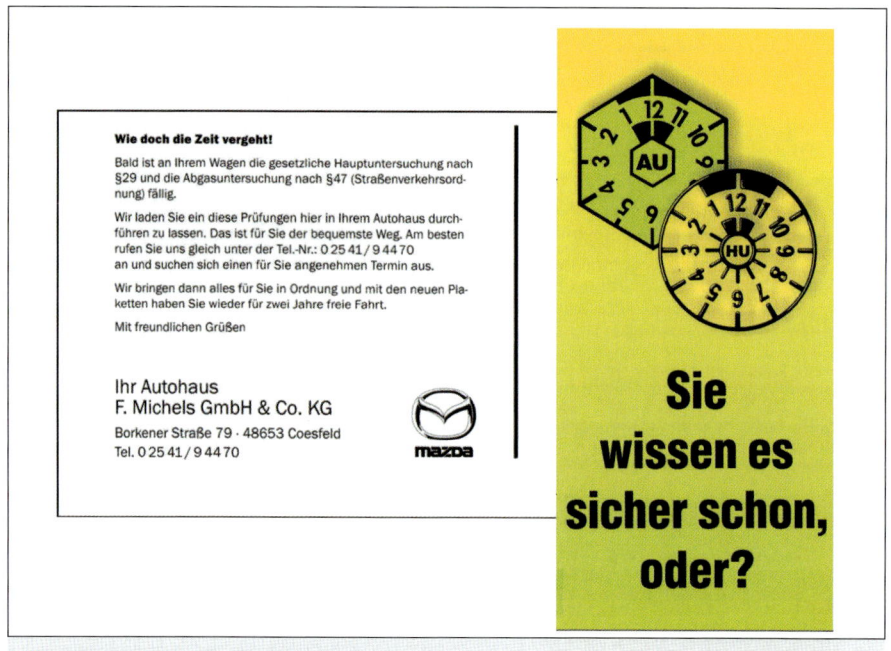

↗ **Abb. 14** _ Ein Bild sagt mehr als 1000 Worte! Mit Bildunterstützung können Mailingtexte kürzer und somit lesefreundlicher gemacht werden.

Newsletter an Kunden

Eine besondere Form des Mailings ist die elektronische Variante, der Newsletter an Kunden des Autohauses. Diese Methode steckt immer noch in den Kinderschuhen, obwohl sie höchst effizient und relativ einfach in der Umsetzung ist. Alles, was zum Anfang notwendig ist, sind die Mail-Adressen der Kunden. Bitte stellen Sie jedem Mitarbeiter in Ihrem Haus die Aufgabe, diese Online-Adressen zu sammeln und in die Stammdatei mit aufzunehmen, damit man bei den Aussendungen eine möglichst große Zahl an Kontakten herstellen kann. Auch bei diesem sehr wirksamen und extrem preisgünstigen Werbeinstrument hört man in den Autohäusern schon höchste Bedenken, ob denn die Kunden das lesen und alle würden sowieso gelöscht oder sie bleiben in den Spam-Filtern hängen . . . ! Hierzu kann nur wiederholt werden:

1. Überlassen wir es unseren Kunden, welche Informationen sie aufnehmen wollen und welche nicht. Jeder Newsletter hat eine deutliche Funktion zur einfachen Abbestellung, die der Empfänger jederzeit nutzen kann.
2. Das Interesse steuert die Wahrnehmung! Kunden interessieren sich für ihr Auto und auch für Ihr Autohaus! Wer diese Ansicht nicht teilt und meint, dass Botschaften aus dem Autohaus den Kunden lästig sind, muss mal grundsätzlich über sein Leistungsspektrum und seine Kundenbeziehung nachdenken.
3. Wenn ein Kunde den Newsletter abbestellt, ist es völlig OK, wenn es Hunderte in einem kurzen Zeitraum tun, dann kann man darüber nachdenken, ob man diese Art der Werbung nicht eher lassen sollte.

Also, beginnen Sie mit dem eifrigen Sammeln der Mail-Adressen und prüfen Sie periodisch die Ergebnisse, damit Ihre Mitarbeiter wissen, dass man den Fortgang beobachtet. Die Methodik ist relativ einfach:

- Bei jedem Neukunden sollte man bei der Anlage der Adressdaten fragen: „Lieber Kunde, wir haben einen kostenlosen Service für Sie, bei dem wir mit regelmäßigen Newslettern über aktuelle Neuheiten und Angebote unseres Hauses berichten – darf ich dazu Ihre Mailadresse notieren?"
- Bei jedem Servicedurchgang sind die Stammdateien auch dahingehend zu prüfen, ob die Mailadresse des Kunden eingetragen ist – wenn nicht, danach fragen: siehe oben!
- Ebenso kann man Karten in der Wartezone auslegen, in die Kunden ihren Wunsch zur Zusendung regelmäßiger Informationen eintragen können.

Die Herausgabe des Newsletters sollte dann sofort beginnen, unabhängig davon, wie viele Adressen Sie gesammelt haben. Starten Sie auch dann, wenn Sie nur zehn Kunden mit Ihrem Newsletter bedienen können. Zeigen Sie Ihren Mitarbeitern so, dass die Aktion fix ist und dass der Erfolg von der Sammeltätigkeit der Adressen abhängt. Zum Versand sollten Sie sich eines Providers bedienen, der Ihre Newsletter formatiert und der die Adressverwaltung übernimmt (z. B. www.2-ad.de).

Der Inhalt Ihrer Newsletter ist, wenn man ein wenig Übung hat, schnell erstellt. Greifen Sie sich z. B. regelmäßig sechs Themen heraus, die Sie für Ihre Kunden als interessante Meldung einschätzen. Dabei sollten es nicht nur Angebote sein, ein oder zwei Themen sollten auch Informationscharakter haben, z. B. über die Einteilung der Umweltschutzplaketten, den Spritspar-Tipp des Monats, neue Gesetze für den Straßenverkehr, die Verkehrsvorschriften in den Urlaubsländern u. v. a. m. – so erreichen Sie einfach eine bessere

Akzeptanz bei den Mail-Empfängern. Die Themen werden im Mail mit einigen wenigen Zeilen „angerissen" und am Ende des Beitrags wird per Link auf mehr Informationen zum Thema auf Ihre Homepage verwiesen. Kunden können sich so die Informationen selbst zusammenstellen, die sie wünschen und bekommen schnell die Details, die Ihnen den besten Nutzen bieten.

↗ **Abb. 15** _ Mit dem Newsletter wollen sich Servicebetriebe regelmäßig bei Kunden und Interessenten in Erinnerung bringen. Kunden, die detaillierte Informationen haben wollen, können sich auf die Homepage weiter klicken (umgesetzt von der Agentur „formschön" für das Autohaus Mothor).

Servicepräsentation auf der Autohaus-Homepage

Diese Art der Werbung setzt natürlich auch voraus, dass die Homepage dafür bestens gestaltet ist. Wenn ein Kunde nun z. B. den Beitrag „Rußpartikelfilter" anklickt, dann muss
auch gewährleistet sein, dass der User auf der Website weitergehende, nützliche Infos
direkt und einfach findet. Das bedeutet, dass die Serviceabteilung auf den Pages mehr
Bedeutung, mehr Volumen und eine bessere werbliche Darstellung als bis jetzt bekommen
muss. Wie in allen anderen Belangen auch, ist es so, dass in der Online-Darstellung der
Handel massiv überwiegt, der Service eher zurückhaltend präsentiert wird und das Teile-
und Zubehörgeschäft weitgehend in der Versenkung verschwindet. Welcher Betrieb stellt
schon sein Servicegeschäft umfassend und animierend vor? Gemeint ist damit nicht nur
die einfache Aufzählung aller Dienstleistungen, die man so bietet – zusammen mit den
Öffnungszeiten und vielleicht auch noch mit einer Online-Terminvereinbarung – sondern
z. B. die monatlich wechselnde der Jahreszeit entsprechende Hervorhebung von speziellen
Angeboten (unglaublich, wie viele Angebote zum Winter-Check man mitten im Sommer
findet!), auf die im Newsletter verwiesen werden kann. Der Newsletter hat also nicht nur
Informationsqualitäten, sondern ist auch die „Traffic-Lokomotive" für Ihre Homepage.

↗ **Abb. 16** _ Den Serviceangeboten muss auf der Homepage genügend Platz eingeräumt und
die Angebote müssen zeitnah (monatlich!) gepflegt werden. Das Autohaus Podlech in Hattingen bietet den Kunden umfangreiche Informationen rund um Service, Teile und Zubehör.

Servicegeschäfte über eBay und Co

Zum Zeitpunkt, wo dieses Buch erscheint, gibt es viele Versuche Servicekunden via Internetangebote und Versteigerungen zu gewinnen. Autofahrer sollen nach Meinung der Internet-Macher beispielsweise die Reifen via www.ebaymotors.de ersteigern und sich dann über www.meine-werkstatt.de den günstigsten Betrieb für die Montage suchen. Wie weit sich das Geschäft allgemein durchsetzt, kann vom Autor nicht beschrieben werden – diese Art der Werbung und Kontaktherstellung zum Kunden ist einfach zu jung, um ein kompetentes Urteil abgeben oder gar eine Empfehlung aussprechen zu können. Zumindest ist nach einem euphorischen Start im Sommer 2006 scheinbar eher Ernüchterung eingetreten, man hört darüber nicht mehr besonders viel. Das will aber nicht heißen, dass sich dieser Trend nicht festsetzen kann. Man muss die Angelegenheit im Auge behalten, um einen möglichen Trend nicht zu versäumen. Eine etwas andere Qualität hat mittlerweile ganz bestimmt das Informations- und Kaufverhalten der eher jüngeren Kunden – vornehmlich in den Segmenten II und III im Bereich des Teile- und Zubehöreinkaufs – festgesetzt: Hier ist das Internet eine häufig genutzte Quelle, um den richtigen Anbieter zu finden. Man kann also nur empfehlen in Sachen Online-Angebote up to date zu sein und die Entwicklung am Markt genau zu verfolgen.

↗ **Abb. 17 _** Die Kunden bieten Arbeit zum Höchstpreis und die Werkstätten unterbieten sich gegenseitig. (www.profis.de)

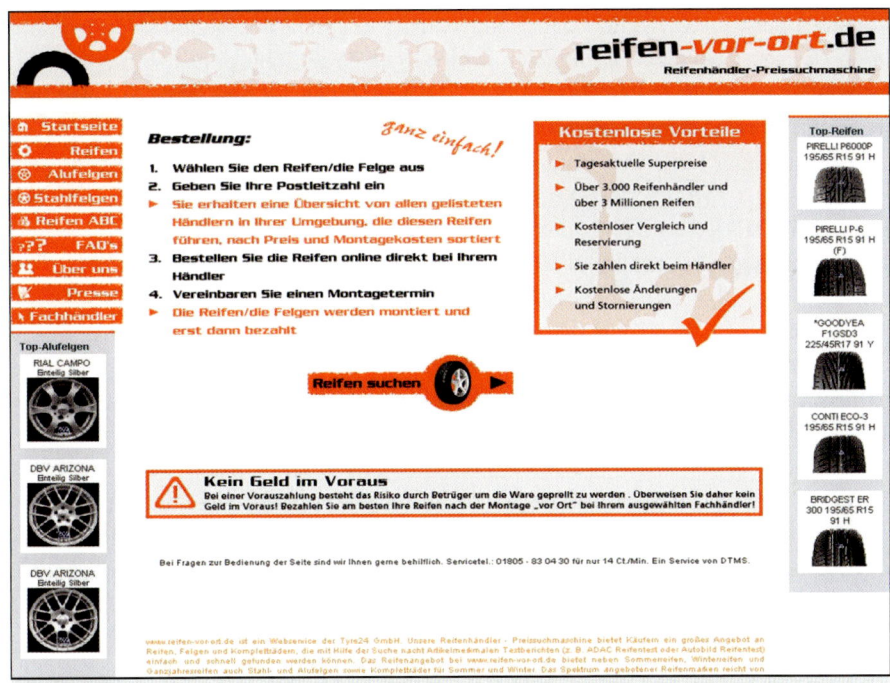

↗ **Abb. 18** _ Reifen via Internet kaufen (www.reifen-vor-ort.de) und dann einen Betrieb zur Montage suchen. Ob sich dieser Zeitaufwand für die Kunden letztlich lohnt, bleibt offen.

3.3.3 _ Das Telefon im Kommunikations-Mix

Mittlerweile findet man in den Autohäusern häufig Aktivitäten in Sachen **Telefonmarketing**, in manchen Betrieben wurden sogar professionelle **Call-Center** für inbound- (ankommende) und outbound-Anrufe (abgehende) installiert. Bei den **inbound-Gesprächen** ist das besondere Ziel eines gut funktionierenden Call-Centers, dass die allermeisten – man spricht von über 90 % – aller Kundenwünsche direkt dort erledigt werden können: Servicetermine vereinbaren; Fragen beantworten, ob das Auto schon abholbereit ist; Preisanfragen erledigen . . . einfach alles. Mancher wird anmerken, dass dies doch unmöglich sei, dafür braucht man doch eine Fachkraft? Eben! Eine bestens ausgebildete Fachkraft – ein Telemarketer – erledigt diese Aufgabe. Einige Betriebe haben bereits mit dem Outsourcing verschiedener Bereiche im Autohaus begonnen, so hat ein großer Betrieb in Stuttgart das gesamte Terminmanagement für 14 Marken in fremde Hände gelegt. Und es funktioniert! So ist festzustellen, dass das Telefon in vielfacher Hinsicht im Autohaus bestens eingesetzt werden kann.

In diesem Buch sollten wir uns damit beschränken, wie man das Telefon sofort wirksam im Service einsetzen kann. Dazu bieten wir Ihnen an dieser Stelle ein konkretes Beispiel, weitere Telefonskripts finden Sie im Kapitel 4, wo wir Ihnen auf bestimmte Aktionen und Angebote zugeschnittene Telefonskripts anbieten.

Vorbereitung für den Einsatz der Telefonarbeit in Ihrem Hause

Es wird empfohlen, sich für die Telefonarbeit eine externe Kraft zu organisieren. Der Grund liegt auf der Hand: Wer es intern erledigt, macht es nebenbei und es gibt tausend Gründe es nicht zu tun, weil gerade etwas anderes anliegt. Also suchen Sie eine Telefonkraft für ein paar Stunden, halbtags oder sogar in Vollzeitstellung.

Trotz aller „Antidiskriminierungsgesetze" ist eine weibliche Stimme empfehlenswert, Damen können es oft besser als Herren und auf dem Arbeitsmarkt werden Sie eher fündig. Achten Sie aber darauf, dass Sie per Gesetz gezwungen sind, das Stellenangebot geschlechtlich nicht einzugrenzen. Hier finden Sie eine **Musteranzeige**, mit der Sie auf Mitarbeiter-Suche gehen können:

MUSTER

Wir suchen Ihre Stimme

Zur telefonischen Betreuung der Kunden
unseres Autohauses suchen wir Sie, als unsere
freundliche Telefonstimme, als

Telefonkontakter/In.

Ihre Tätigkeit umfasst hauptsächlich die regelmäßige Kontaktaufnahme mit unseren
Stammkunden zur Messung der Kundenzufriedenheit und zur Vorstellung von aktuellen Aktionen
und Angeboten unseres Autohauses. Die Stelle wird
vorerst auf „geringfügiger" Beschäftigungs-Basis
angeboten. Bitte rufen Sie uns an, Sie erhalten
dann gerne Informationen über Ihre künftige
Aufgabenstellung.

Autohaus Muster
Telefon (01 23) 45 67 89

Wenn Sie als Bewerbungsadresse nur Ihre Telefonnummer angeben, können Sie schon von Anfang an einen ersten Eindruck über Ihre neue Telefonkraft gewinnen.

Für folgende Aufgaben können Sie Ihre/n Telemarketer/in einsetzen:

Acht „goldene" Jobs im Telefonmarketing
1. Stammdateienpflege, ausbleibender Werkstattkontakt
2. Zufriedenheitsnachfrage nach Service/Kauf
3. Nacharbeit Mailings (mail&call)
4. Einladung zu Events/Veranstaltungen/Präsentationen
5. Neukunden-Akquisition, spezieller Fuhrpark
6. Stammkunden-Kontaktpflege/Kaufbereitschaft filtern
7. Mahnwesen unterstützen
8. Gebrauchtwagen von privat zukaufen

Mit dem Thema „Stammdateienpflege – ausbleibender Werkstattkontakt" können Sie für Ihr Servicegeschäft schon sehr viel tun, manche Serviceleiter meinen sogar, das wäre das beste Instrument, dass sie je eingesetzt hätten. Folgendes Vorgehen ist empfehlenswert:

Sie überarbeiten Ihre Stammdateien und steuern die Kundenadressen aus, die länger als 15 Monate in Ihrem Hause keine Werkstattumsätze mehr getätigt haben. In aller Regel ist es in der Praxis so, dass man beim Aussteuern der Adressen auf größere Mengen, teilweise nicht mehr gepflegter Dateien stößt. Man muss nun entscheiden, welche Kontakte den meisten Erfolg versprechen. Unter der Annahme, dass ein Kontakt zu einem Kunden, der schon fünf Jahre nicht mehr im Hause war, eher nichts einbringen wird, muss man entscheiden, ab wann man diese Dateien vielleicht generell löscht. Empfehlenswert ist, nur Kunden nachzuarbeiten, die maximal 36 Monate nicht mehr in der Werkstatt waren und minimal 15 Monate. So konzentriert man die Arbeit auf die Zielgruppe, die aller Wahrscheinlichkeit nach noch erreichbar ist und die auch noch das Auto besitzt. Vor dem Anruf ist ein **Telefonskript** aufzubauen, das konkrete **Beispiel** bieten wir Ihnen hier:

Themenvorschlag: Stammkunde mit ausbleibendem Werkstattkontakt

MUSTER

Ziel des Anrufes
- Kontakt erneuern
- Gründe des Fernbleibens erfassen
- Stammdaten überprüfen, korrigieren, löschen
- Sonderangebot für Servicearbeit sofort unterbreiten

Organisation
Adressen aus Stammdatei mit letztem Werkstattkontakt > 14 Monate selektieren. Telefonate beginnend bei der Adresse mit dem am längsten zurückliegenden Werkstattkontakt

Mögliche Kundeneinwände und Kundenantworten	Unsere Antworten und Fragen darauf
• Service vergessen	Wie viele Kilometer hat Ihr Auto jetzt laut Tacho? Können wir gleich einen Termin für die Werkstätte festhalten?
• Wegen Unzufriedenheit ausgeblieben	Können Sie uns bitte sagen, was Sie konkret an unserem Service bemängeln? Können Sie uns bitte sagen, was Sie zum Wechsel veranlasst hat?
• Wir sind jetzt in einer anderen Werkstatt • Wir fahren nur wenig	Der Hersteller sagt, dass man ein Mal jährlich zur Aufrechterhaltung der Sicherheit eine Inspektion machen sollte.
• Auto verkauft	Können Sie uns bitte die Adresse des Käufers nennen?

Telefonskript **Telefonkraft**	Schönen guten Tag, mein Name ist Sauer, Sabine Sauer vom Autohaus Sommer. Ich rufe Sie im Auftrag der Geschäftsleitung an, weil Sie schon länger nicht mehr bei uns in der Werkstätte waren. Darf ich Sie fragen, ob das einen besonderen Grund hat oder ob Ihr Wagen so gut läuft, dass ein Service gar nicht notwendig war?
Kundenantwort	Kein besonderer Grund, alles OK.
Telefonkraft	Gut, dann ist ja alles in Ordnung. Sie wissen, dass der Hersteller ein Mal im Jahr zu Ihrer Sicherheit einen Service empfiehlt. Wann meinen Sie, dass es wieder soweit ist?
Kundenantwort	**Positiv** Ja, in Kürze, demnächst.	**Negativ** Es tut mir leid, dass Sie verärgert sind. Können Sie mir bitte den Vorfall schildern? Ich danke Ihnen für Ihre Offenheit, erlauben Sie mir bitte, dass ich den Vorgang so an Herrn NN weitergebe. Er wird sich deshalb in Kürze bei Ihnen melden. Ich danke Ihnen für das Gespräch.
Telefonkraft	Ich werde gerne in der Werkstatt nachfragen, wann die nächste Möglichkeit besteht, dürfte ich Ihnen dann einige Terminvorschläge machen?
Kundenantwort	Ja, bitte.
Telefonkraft	Ich werde Sie in Kürze deshalb anrufen. Ich danke Ihnen herzlich für das Gespräch.

Alternative A

Man kann bei zufriedenen Kunden gleich ein Angebot unterbreiten, z. B.:

„Im Augenblick bieten wir gerade zu Ihrer Sicherheit einen Frühjahrs-Check an, d. h. unsere Fachleute prüfen an Ihrem Auto nach dem Winter alle Funktionen. Das kostet in der Aktionszeit nur 9,– €. Wäre das interessant für Sie, um mal wieder vorbeizuschauen?"

Alternative B

Der Zahnriemenwechsel eignet sich gut als Aufhänger mit sofortigem Terminangebot, wie zum Beispiel:

- „Sie wissen, dass an Ihrem Fahrzeug regelmäßig der Zahnriemen gewechselt werden muss, sonst kann es zu bösen Motorschäden kommen? Wir wollten Sie zu Ihrer Sicherheit darauf aufmerksam machen."
- „Wissen Sie, wann der nächste Zahnriemenwechsel fällig ist?" Oder:
- „Nach unseren Unterlagen müsste jetzt ein Wechsel fällig sein, kann das sein?" Oder:
- „Gerne können Sie bei uns im Autohaus kurz vorbeikommen, wir prüfen dann, ob ein Wechsel fällig ist."

Für diesen Job gibt es einfache Software (Beispiel „Aquiphon©" – www.akquiphon.de), mit der man die Gespräche dokumentieren und auswerten kann. Bei richtiger, konsequenter Durchführung werden Sie eine Vielfalt von Informationen bekommen. Begonnen bei: „Oh, vielen Dank, den Service haben wir glatt vergessen . . ." über „ . . . wir besitzen das Auto gar nicht mehr, wir haben jetzt einen X oder Y (was zu einer Rücksprache mit dem Verkauf führen sollte) bis hin zu „Ihr seid viel zu teuer . . .", werden Sie wertvolle Informationen aus dem Munde Ihrer Kunden erfahren. Übrigens: Nach häufigem Einsatz dieser Strategie ist festzuhalten, dass nur ein ganz geringer Teil der angerufenen Kunden die Aussage verweigert, viele sind sogar dankbar, dass man an den Service erinnert, dass man sich um die Kunden kümmert! Betriebe, die in diesen Einsatz nicht investieren, verlieren viel. Das Mindeste ist, dass sie die Stammdateien nicht korrigieren können (Umzug, Bedarfswegfall) und so weiter die Karteileichen pflegen müssen. Dies wäre aber der geringste Nutzen, die Ergebnisse bieten aber viele Ansatzpunkte, mit denen man die Kunden wieder aktivieren kann. Deshalb sollte man es sich zur Aufgabe machen, sich nicht nur mit den Kundenantworten und den damit verbundenen Informationen zufrieden zu geben, sondern diese Adressen auch aktiv weiter zu bearbeiten. So bietet es sich an, nach dem Telefonat besonders günstige Serviceangebote sofort per Mailing nachzusenden oder man kann diese Kunden bei der nächsten Serviceaktion vielleicht sogar zusätzlich telefonisch einladen, die Möglichkeiten dazu sind breit gestreut.

Wenn man davon ausgeht, dass man z. B. pro Tag zehn solcher Kontakte herstellen kann, so ergibt das im Jahr eine Kontaktzahl von ungefähr 2.000 und mehr – 2.000 Kontakte, die einerseits sonst nicht zustande gekommen wären und die andererseits alle mit der Chance zur Erneuerung der Geschäftsbeziehung geeignet sind. Wenn man dies alles zusätzlich unter dem Aspekt des tobenden Servicewettbewerbs ansieht, wächst die Bedeutung dieser Aktivität in besonderem Maße. Der geringste Vorteil, den man damit erreichen kann, ist die Korrektur der Stammdateien.

3.3.4 _ Neue Kunden mit Car-Stickern gewinnen

Zur ständigen Neukundengewinnung für den Service eignen sich die so genannten **„Car-Sticker"**, was ja nichts anderes als Handzettelwerbung ist. Das Besondere daran ist, dass die Werbebotschaft direkt an ausgewählte Empfänger geschickt wird und so sind diese Sticker ein wirksames Direktwerbemittel. Bevor die praktische Anwendung erklärt wird, sind einige rechtliche Details zu klären!

Obwohl keine einschlägigen Urteile dazu bekannt sind, ist es mit Sicherheit so zu sehen, dass ein Handzettel, der unaufgefordert und ohne besondere Genehmigung an die Wind-schutzscheibe eines parkenden Fahrzeuges gestickert wird, zur Kategorie der Werbung gehört, deren Anwendung der besonderen Genehmigung des Fahrzeughalters bedarf, die in keinem Fall vorliegt. So ist dringend davon abzuraten, was manchmal geschieht, eine ganze Straßenzeile entlang jedes Fahrzeug mit einem Werbezettel zu bestücken. Dafür gibt es klare gesetzliche Vorgaben, eine davon wäre die Einholung einer Verteilgenehmi-gung des Ordnungsamtes. Diese Art von Streuung der Servicewerbung ist aber auch hier nicht gemeint, viel mehr handelt es sich um eine zielgenaue Servicewerbung. Nehmen wir mal an, dass ein Autohaus mittels dieser Car-Sticker Werbung für die Durchführung von AU und HU machen möchte, dann ist es nur sinnvoll diese Werbung an den Fahrzeugen anzubringen, bei denen der § 29 in Kürze fällig ist. „Das Interesse steuert die Wahrneh-mung", so heißt ein Werbegesetz und so kann man davon ausgehen dass, wenn man die Werbebotschaft streng nach dem Bedarf der Zielgruppe, sprich des einzelnen Autofahrers ausrichtet, auch mit Interesse statt Ablehnung gerechnet werden kann. Vielleicht ist der eine oder andere sogar dankbar dafür, dass man auf diese Art und Weise an den fälligen Termin erinnert wurde. Also: **Die Werbung kommt nur an den Wagen, wo man ein ganz spezifisches Problem erkannt hat, für das man eine Lösung anbieten kann.** Damit dürf-ten auch die rechtlichen Bedenken der Verteilung auf diese Art und Weise ausgeräumt sein, wer Nutzen stiftet, muss in aller Regel nicht mit Nachteilen rechnen.

Sie wissen es sicher schon, oder?

Ihr Fahrzeug benötigt bald zwei neue Plaketten, die für die Hauptuntersuchung nach § 29 StVZO und die für die Abgasuntersuchung nach § 47 StVZO. Diese Termine sollten Sie nicht versäumen, denn bei Terminüberschreitung kann es ein teures Strafmandat geben. Wir können für Sie beide Untersuchungen schnell und günstig erledigen. Dazu machen wir Ihnen ein Angebot.

Rufen Sie uns bitte an oder kommen Sie gleich vorbei. Wir sagen Ihnen, wie Sie schnell und günstig zu den neuen Plaketten kommen.

Übrigens: Für die Zeit, während Ihr Wagen bei uns in der Werkstatt ist, steht für Sie ein Leihwagen bereit.

Diese beiden
Plaketten
benötigen Sie
in Kürze

↗ **Abb. 19** _ Ein Car-Sticker, der den Fahrer auf die bevorstehende § 29-Untersuchung aufmerksam macht und zur Durchführung in den Betrieb einlädt.

So setzen Sie die Car-Sticker in der Praxis erfolgreich ein

Zuerst formulieren Sie Ihre Angebote, die für die zu bearbeitende Zielgruppe so interessant sein müssen, dass man, um die versprochenen Vorteile zu erlangen, gerne Ihr Autohaus aufsuchen wird. Ganz besonders interessant für diese Art der Kundengewinnung ist natürlich das Fahrzeugsegment II und III, wo Ihre genau auf die Kundenbedürfnisse hin ausgearbeiteten Angebote auf fruchtbaren Boden fallen werden. Hier einige Themenbeispiele:
- Sauber & Sicher-Inspektion für Segment II und III
- AU & HU-Termin demnächst fällig
- Scheibenreparaturangebot – gratis
- Eis & Schnee-Check – vor dem Winter

Wenn Sie die Angebote genau formuliert haben, dann lassen Sie Ihre Car-Sticker z. B. im DIN-A6-lang-Format drucken.

! Zum guten Gelingen von Car-Sticker-Aktionen sind besonders fachkundige und zuverlässige Verteiler dringend notwendig. Bevorzugen Sie hier vor allen Dingen Rentner und Pensionäre, unter Umständen auch zuverlässige Studenten. Vielleicht kennen Sie solche Menschen, die auch ein wenig Sachverstand in Sachen Automobil mitbringen, vielleicht können Sie sogar ehemalige Mitarbeiter, Lehrlinge oder Familienangehörige aus Ihrem Betrieb für diese Aufgabe ansprechen.

Die Entlohnung läuft meistens stundenweise über „geringfügige" Beschäftigungsverhältnisse. Oberstes Kriterium bei der Auswahl der Hilfskräfte ist aber die **Zuverlässigkeit**. Der Job ist nicht nur vorübergehend, sondern dauerhaft anzulegen.

Geben Sie Ihren neu gewonnenen Akquisitionsmitarbeitern nun genaueste Instruktionen, wie die Arbeit – nämlich das punktgenaue Verteilen von Car-Stickern – abzulaufen hat. Zuerst erklären Sie die **Ziele**, welche Sie mit der Aktion erreichen wollen. Bitte schärfen Sie Ihrem Mitarbeiter ein, dass der Erfolg der Aktion in hohem Maße von der genauen **Selektion** der einzelnen Fahrzeuge auf der Straße abhängt.

Thema	Auswahlkriterien
Sauber & Sicher-Inspektion Segment II und III	Fahrzeuge mindestens 4 bis 5 Jahre alt, Nichtkunden gemäß Kennzeichenhalter
§ 29/47-Termine fällig	Fahrzeuge mit fälligen Terminen innerhalb des nächsten Monats
Scheibenreparaturangebot	Fahrzeuge mit reparablen Scheibenschäden (Schaden nicht im Blickfeld des Fahrers)
Eis & Schnee-Check	Segment II/III des eigenen Fabrikats, Nichtkunden gemäß Kennzeichenhalter

Besprechen Sie nun mit Ihrem Verteiler genauestens bis ins Detail, **welche Fahrzeuge** „bestickert" werden sollen (Handzettel an Windschutzscheibe klemmen).

Legen Sie fest, in **welchen Gebieten** die Car-Sticker verteilt werden sollen. Am besten zeichnen Sie die Verteilerroute in einen Stadtplan ein, der dann gleichzeitig als Arbeitsplan dient. In ländlichen Gebieten können Sie die einzelnen Orte entsprechend bestimmen. Verteilertage sind natürlich nur „trockene Tage" (Schönwetter). Im Zweifelsfall oder bei Schlechtwetterprognosen wird nicht verteilt. Immer wenn ein Verteilungsplan erfüllt ist, beginnen Sie wieder von vorne, der Bedarf erneuert sich ständig. Ihr Verteiler hat, wenn er aktiv ist, immer alle Angebote in Form von Car-Stickern mit dabei. So können Sie Ihr Angebotsspektrum am besten bekannt machen.

Ihr Mitarbeiter hat nun die Aufgabe, die parkenden Fahrzeuge zu selektieren:
a) nach Kennzeichen
Nur die „einheimischen" Fahrzeuge werden „bestickert".

b) nach Bedarf

Das Geheimnis der Wirkung von Car-Stickern liegt in der Akzeptanz des Angebotes durch die Fahrzeugbesitzer. Nur wenn das Angebot genau zur Problemstellung des Beworbenen passt, kann man erwarten, dass es positiv aufgenommen wird. Wenn wir einem halbjährigen Oberklasse-Wagen ein Angebot für eine „Sparinspektion" für alte Autos hinters Wischerblatt klemmen, ist Ärger vorprogrammiert – zumindest werden Sie Ihre Car-Sticker als ungebetenen Müll auf der Straße wieder finden.

Beispiele zur Selektion von Fahrzeugen für Car-Sticker-Aktionen

MUSTER

Thema „Scheibenreparatur"
Selektion 1 – örtliches Kennzeichen
Selektion 2 – Steinschlagschäden an der Frontscheibe

Thema „Sauber & Sicher-Inspektion" für Segment II/III-Fahrzeuge
Selektion 1 – örtliches Kennzeichen
Selektion 2 – genaue Auswahl Baujahr und Typ
Selektion 3 – Kennzeichenhalter hinten, Werbeaufdruck „Kunde oder Nichtkunde"
Bei diesem Thema gehen manche Autohäuser bei Car-Sticker-Aktionen sogar noch einen Schritt weiter und bringen bei Stammkundenfahrzeugen am hinteren Kennzeichenhalter (seitlich) kleine Farbtupfer an, die z. B. bedeuten:
Grün – Inspektion durchgeführt 2004
Gelb – Inspektion durchgeführt 2005
Rot – Inspektion durchgeführt 2006
Blau – Inspektion durchgeführt 2007

So ist es dem Akquisiteur möglich, innerhalb der bestehenden Autohaus-Kunden (siehe Kennzeichenhalter) auch festzustellen, ob ein Werkstattaufenthalt – evtl. trotz der über den Kennzeichenhalter definierten „Kunden des Hauses" – schon länger zurückliegt. Oder umgekehrt: Es wäre zumindest beschämend, würde man das Serviceangebot an Fahrzeugen anbringen, bei denen vielleicht erst vor zwei Monaten in Ihrer Werkstatt eine große Inspektion durchgeführt wurde.

Beispiele von Car-Stickern im Einsatz zur Kundengewinnung

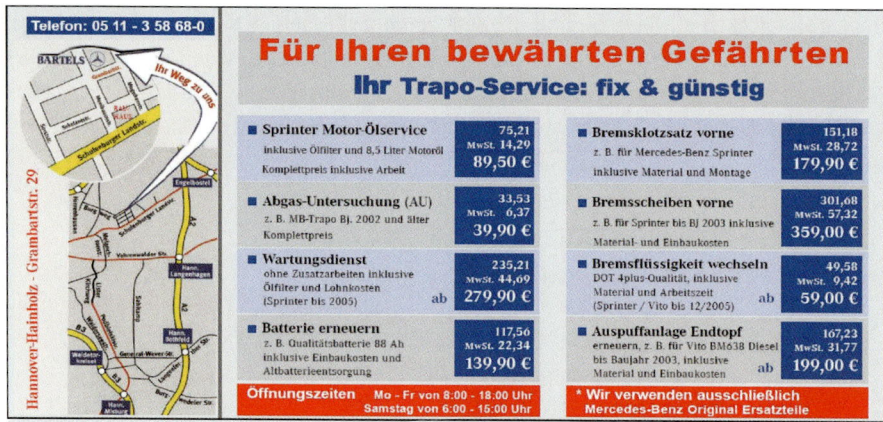

↗ **Abb. 20** _ Das Angebot mit Car-Stickern des Autohauses zielgenau an den Bedarfsträger – in diesem Beispiel Transporter – bringen.

Wer dem Gesetz des Marketing-Mix Folge leistet, hat mit dem richtigen Produkt zum richtigen Preis und der wirksamen Werbung bislang erreicht, dass Kunden dem Angebot folgen und die Verkaufsstätte – in dem Fall das Autohaus – aufsuchen. Der Verkaufserfolg ist damit aber noch lange nicht sichergestellt, das geschieht nur dann, wenn Produkt, Preis, Werbung und Verkauf wie Zahnräder nahtlos ineinander greifen und ein sinnvolles Ganzes ergeben.

Dazu ein **Beispiel**: Ein Autohaus wirbt für den Winter-Check, versendet dazu Mailings an Stammkunden, plakatiert am und im Gebäude und versucht durch Car-Sticker-Verteilung auch noch neue Kunden für diese Dienstleistung zu gewinnen. Die Aktion wirkt tatsächlich – es kommen mehr Interessenten als früher! Im Haus sind die Mitarbeiter aber gar nicht so begeistert (waren sie vorher über die Aktion als solches und über deren Sinn und Zweck informiert?), bringen die neuen Kunden doch das Tagesgeschäft ordentlich durcheinander. Man muss Neukunden anlegen, was bei manchen Marken gar nicht so einfach ist. In der Werkstatt soll so manche Arbeit unterbrochen werden, weil ein Kunde auf die Fertigstellung des Winter-Checks warten will und so manche dringende, große Arbeit wieder mal zurückgestellt werden muss. Ein gestresster Mechaniker checkt nun das Auto mehr oder weniger gründlich durch, natürlich stimmt anschließend der Frostschutz, die Heizung ist geprüft und das Profil der Winterreifen ist OK. Dann wird das Daten-Management-System zur Erstellung einer Rechnung über 19,90 € bemüht und wenn alles gut läuft, wird der Kunde wenigstens noch freundlich verabschiedet. Vielleicht kann mancher Leser diese Schilderung so nachvollziehen, vielleicht ist der eine oder andere damit auch nicht einverstanden. Es geht in diesem Kapitel um das Thema **„Verkaufen"**! Unter diesem Aspekt gesehen, müsste diese Aktion, die hier stellvertretend für viele andere Aktionen steht, folgendermaßen ablaufen:

1. Alle Mitarbeiter werden von der geplanten Aktion informiert und vor allen Dingen über die Ziele, die damit erreicht werden sollen, in Kenntnis gesetzt. Das Ziel für eine Winter-Check-Aktion kann nur lauten:
   a) Wir wollen den bevorstehenden Winter als Anlass dazu nehmen, so viele Kunden wie nur möglich einzuladen, um deren Wagen zu prüfen, ob man damit sorgenfrei in die kalte Jahreszeit starten kann.
   b) Es ist unsere Pflicht mit unserer Fachkompetenz dafür zu sorgen, dass eventuelle Mängel jetzt entdeckt werden, damit wir unseren Kunden späteren Ärger ersparen.
   c) Mit diesem Angebot wollen wir auch Neukunden gewinnen, aus diesem Grund verteilen wir in der Zeit vom 15. Oktober bis 15. November Car-Sticker in der Stadt an Fahrzeuge unserer Marke, die aber laut Kennzeichenhalter nicht unsere Kunden sind.

↗ **Abb. 21** _ Neukundenwerbung via Car-Sticker mit Einladung zum Winter-Check. Ziel ist, dass der Check zum „normalen" Werkstattauftrag führt!

2. Der Winter-Check wird von unseren Serviceberatern gemeinsam mit den Kunden in der Dialogannahme durchgeführt. Dafür ist eine spezielle **„Winter-Checkliste"** entwickelt worden, nach deren Vorgaben die Fahrzeuge zu überprüfen sind. Die Serviceberater haben die besondere Aufgabe, das Fahrzeug auf dessen Fehlerfreiheit zu überprüfen und im Bedarfsfall den Kunden nicht nur darauf aufmerksam zu machen, dass In-standsetzungen notwendig sind, sondern sofort konkrete Angebote zu unterbreiten, die im Idealfall auch am gleichen Tag noch in der Werkstätte erledigt werden können. Andernfalls ist eine neue Terminvereinbarung anzustreben.

3. Damit die Serviceberater diese Aufgabe erledigen können, die man dem Kunden versprochen hat, nämlich dass sie sie ohne Anmeldung und Wartezeit bekommen können, wurde in der Werbung darauf hingewiesen, dass die Winter-Checks in der Zeit von 10 Uhr bis 16 Uhr durchgeführt werden. So ist diese Aufgabe aus der „Service-Rushhour" fern gehalten worden und die Serviceberater haben Zeit, um diese für das Haus sehr wichtige Aktion richtig durchzuführen.

4. Vom Serviceeingang über die Kundenzone, dem Serviceberater-Arbeitsplatz bis hin zur Dialogannahme plakatieren wir das Angebot „Zu Ihrer Sicherheit – der Winter-Check! So kommen Sie sicher durch Eis und Schnee!" Die Serviceberater bieten den Kunden aktiv Produkte oder Dienstleistungen an, die für ein sicheres Fortkommen im Winter notwendig sind.

5. Darüber hinaus werden in der Dialogannahme zusätzlich zur Ausstellung in der Kundenzone typische Winterartikel platziert, begonnen bei Winterreifen bis hin zu Pflegemitteln.

6. Jeder Kunde – ob Neu- oder Stammkunde – bekommt an der Kasse noch einen **Flyer** überreicht, in dem unsere wichtigsten Winterangebote nochmals zusammengefasst sind, dazu gibt es ein kleines **„Give-away"** – in diesem Jahr bekommen die Kunden ein Türschlossenteiser-Spray.

Hand auf's Herz: Wer hat die Saison-Checks schon so durchgeführt? Wäre dies aus Ihrer Sicht, sehr verehrter Leser, eine Möglichkeit, um aus den herkömmlichen Checks zu den verschiedensten Anlässen mehr Umsatz und Ertrag bei gleichzeitiger Steigerung der Kundenzufriedenheit (mehr Zuwendung, mehr Qualität durch genaueres Hinsehen, mehr technische und emotionale Kompetenz) zu machen?

Winter-Checkliste

CHECKLISTE

Kunde:		Fahrzeug:

	OK
• Beleuchtung inklusive Blinker • ZDK-Lichttest-Plakette	❑ ❑
• Winterreifen-Profil > 3 mm • Reservereifen	❑ ❑
• Heizung, Klimaanlage, Lüftung • ggf. Standheizung	❑ ❑
• Bremsen, Handbremse • Bremsflüssigkeit	❑ ❑
• Kühlflüssigkeit > 25° C • Frostschutz-Scheibenwaschanlage	❑ ❑
• geeignetes Öl, Ölwechselfälligkeit • Batterietest	❑ ❑

Bemerkungen:

Datum: Fahrzeug geprüft von:

_____   _____

Unterschrift Serviceberater

Bei Express- oder Kleinaufträgen

Manche Kunden kommen wegen einer Kleinigkeit, die schnell zu erledigen ist, dazu haben die Werkstätten unter anderem Expressservice-Arbeitsplätze eingerichtet. Dort wird der Kundenauftrag schnell ausgeführt. Verkaufstechnisch werden diese Aufträge aber relativ wenig genutzt. Es ist Pflicht der beauftragten Monteure das Kundenfahrzeug über den erteilten Auftrag hinaus, wenigstens an den wichtigsten Positionen, kurz zu checken. Auch wenn nur eine Lampe ausgewechselt werden soll, kann man den „Tankwart-Service" mit erledigen: Wasser, Luft, Öl . . . !

Einerseits dient es natürlich dazu, dass wir Fehler am Fahrzeug entdecken, die wir zu Umsatz und Ertrag machen können. Noch wichtiger aber ist unsere Fürsorgepflicht, die wir unseren Kunden schulden, nämlich, dass er nach seinem Werkstattaufenthalt bei uns – egal aus welchem Anlass – sicher sein kann, dass sein Fahrzeug OK ist. Hier können manche Betriebe dauerhaft AWs gewinnen und – zufriedene Kunden noch obendrein.

Quelle: Hermann Fachversand GmbH, www.hermann-fachversand.com

↗ **Abb. 22** _ Der schnelle Check bei Klein- und Express-Aufträgen. Die Chance zur Gewinnung von Werkstattaufträgen.

Der erste Einstieg dazu ist, dass der Serviceberater sich um den Kunden und dessen Auto kümmert und dass er den Check als Chance dazu sieht, ein Fahrzeug im Beisein des Kunden dahingehend überprüfen zu dürfen, ob es nicht einen Defekt gibt, dessen Instandsetzung wir dem Kunden anbieten und „verkaufen" können, gemäß dem neuzeitlichen Service-verkaufsgesetz, dass da heißt:

Unser Ziel ist es, so viele Autos wie nur möglich im Beisein des Kunden auf der Hebe-bühne in der Dialogannahme durchchecken zu können!

Das Ziel: Jedes Auto auf die Bühne!

Die Philosophie des Dialogannahme-Systems:

„Unser Ziel ist es, <u>so viele Fahrzeuge wie nur möglich</u> auf die Bühne zu nehmen und gemeinsam mit dem Kunden zu checken, ob alles OK ist."

- **schnell mal eine Birne wechseln . . .**
- **Räder wechseln . . .**
- **Saison-Check durchführen . . .**

- **Ausnahmen**
  (Pannen, Garantiefall, wiederholte Werkstattbesuche)

↗ **Abb. 23** _ Sinn und Zweck einer Dialogannahme ist es auch, Transparenz zu schaffen, um den Kunden eine bestmögliche Beratung zu bieten.

Noch immer ist aber der Begriff „Serviceverkauf oder aktives Verkaufen in der Dialog-annahme" eine eher exotische Beschreibung. Viele − besser gesagt die meisten − Ser-viceberater verbinden „verkaufen" immer noch mit etwas Negativem, mit „den Kunden über den Tisch ziehen", mit „etwas aufdrängen", also mit nichts Gutem. Man hat größte Vorbehalte und scheut sich dem Kunden nützliche, vorteilhafte oder notwendige Produkte oder Dienstleistungen anzubieten. Klar, man hat es den Serviceberatern, die noch nicht vor allzu langer Zeit noch „Annehmer" genannt wurden und auch heute noch teilweise als „Meister" bezeichnet werden, nicht lernen lassen. Dennoch verlangen mehr und mehr Serviceverantwortliche in Anbetracht der schlechter werdenden Ergebnisse: „Ihr müsst mehr verkaufen!" Gerne − aber wie geht das?

3.4 _ Vorteilhaft verkaufen

Was bedeutet eigentlich „Verkaufen" oder „aktiver Serviceverkauf"?

Mit Sicherheit ist jeder Verkauf an Produkten oder Dienstleistungen auszuschließen, der dem Kunden keinen Nutzen bereitet, das ist die Grundlage für jede Kundenzufriedenheit, die in jedem Fall als oberstes Ziel anzusehen ist. **Verkaufen heißt immer Nutzen stiften oder Vorteile verschaffen.** Jedes andere Gebaren ist strikt abzulehnen.

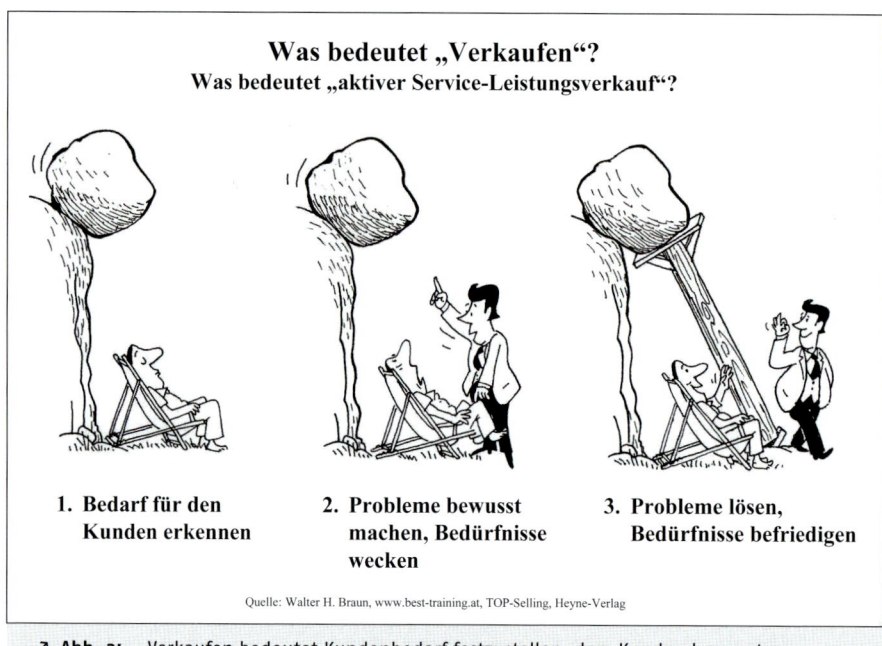

Was bedeutet „Verkaufen"?
Was bedeutet „aktiver Service-Leistungsverkauf"?

1. **Bedarf für den Kunden erkennen**
2. **Probleme bewusst machen, Bedürfnisse wecken**
3. **Probleme lösen, Bedürfnisse befriedigen**

Quelle: Walter H. Braun, www.best-training.at, TOP-Selling, Heyne-Verlag

↗ **Abb. 24 _** Verkaufen bedeutet Kundenbedarf festzustellen, dem Kunden bewusst zu machen und passende Problemlösungen anzubieten.

Gleichzeitig bedeutet dies aber auch, dass ein Unterlassen von Angeboten zur Kundenunzufriedenheit führen kann! Wenn mir mein Serviceberater kein Mitnahmeöl anbietet und ich zwischen den Serviceintervallen aber Bedarf habe, vielleicht sogar nachts auf der Autobahn und mir bei der letzten Inspektion kein Reserveöl angeboten hat, dann hat der Betrieb nicht nur den damit verbundenen Umsatz verpasst, sondern auch einen unzufriedenen Kunden produziert. „Warum hat man mir kein Reserveöl angeboten, so dass ich mich jetzt an einer Autobahnraststätte mit dem dortigen Ölangebot rumplagen muss und – es ist da auch garantiert nicht billiger!", wird sich so mancher Kunde fragen. Oder: „Warum hat mir mein Serviceberater verschwiegen, dass es für den Kofferraum eine Antirutschmatte gibt, mit der endlich Ordnung in mein Chaos einziehen kann?" „Warum hat mir mein Serviceberater nicht erklärt, dass ich mit meiner veralteten Navi-Software mein Urlaubsziel nur sehr schwer werde finden können, dagegen wäre es mit der aktuellen Version ein Kinderspiel?" Es gibt unendlich viele Beispiele aus der Praxis. Ihre Werkstattauslastung wäre vermutlich ein Kinderspiel, würden die Serviceberater nur – schwäbisch formuliert: „s'Maul aufmachen" – und Kundenbedürfnisse erkennen und diese dann befriedigen. Man spricht seit vielen Jahren vom

Bedarf wecken, statt Nachfrage zu decken!

Das aktive Anbieten von Dienstleistungen und Produkten, die dem Kunden Vorteile verschaffen, ist heute Pflicht jedes Service-Teams! Dem Kunden ein sorgenfreies Fahren zu bieten bedeutet gleichzeitig „Verkaufen", denn nur so kann man Angebote erklären und den Kundennutzen daraus vorstellen. In diesem Bereich gibt es noch riesige Potenziale, die nachstehenden Anregungen basieren auf sauberen Marktrecherchen:

- Bei jedem 2. Auto fehlt Motorenöl.
- In jedem 2. Auto könnte man eine moderne Freisprechanlage mit Bluetooth-Technik einbauen.
- In jedem 2. Auto ist die Zahl der Warnwesten nicht ausreichend (alle Mitarbeiter müssen im Fall des Falles damit ausgestattet sein).
- In jedem 3. Auto entspricht der Verbandskasten entweder nicht der Norm oder der Inhalt ist unvollständig oder unbrauchbar (z. B. fehlende Rettungsdecke).
- Bei jedem 6. Auto ist die Bereifung (inklusive Reservereifen!) defekt.
- Bei jedem 10. Auto sind die Stoßdämpfer defekt.
- Bei mindestens jedem 10. Auto wäre eine professionelle optische Aufbereitung von Nöten (Innenaufbereitung à la GW-optischer Aufbereitung).
- Zehn bis zwanzig Prozent Ihrer Kunden hätten mit der Nachrüstung einer Autogasanlage eine große Kostenersparnis.
- Ca. 10 % bis 20 % Ihrer Kunden hätten mit einer Standheizung viele Vorteile im Winter.
- Bei ca. 30 % aller Navigationsgeräte ist die Software veraltet und produziert so viele Fehlermeldungen.
- Bei jedem X. Auto sind die Scheiben defekt – jährlich werden in Deutschland mehr als drei Millionen Scheiben gewechselt, dazu kommen unzählige Scheibenreparaturen, die in den meisten Fällen für die Kunden kostenfrei durchgeführt werden können.
- Bei jedem X. Auto besteht Bedarf an „smart-repair"-Arbeiten. Das Beseitigen von Dellen, Kratzern am Lack oder Verbrauchsspuren im Innenraum bietet riesige Potenziale.

Ein kleiner Auszug an Möglichkeiten – und wie kommt man an das Geschäft heran? Mit einer uralten Strategie: Mit einem Fahrzeug-Check im Beisein des Kunden in der Dialogannahme. Verdienen durch hinsehen und dadurch, dass man dem Kunden Vorschläge macht, wie sie sicherer, bequemer, komfortabler oder sparsamer fahren können. Machen Sie diesen Satz zur unumstößlichen Pflicht in Ihrem Autohaus, also:

- **unser Ziel ist, so viele Fahrzeuge wie nur möglich im Beisein des Kunden durchchecken zu können, ob alles OK ist und**
- **unsere Aufgabe ist es dafür zu sorgen, dass unsere Kunden von Service- zu Service-Termin sicher, sauber, komfortabel und sparsam fahren können.**

Wer mit diesen beiden Grundsätzen – manche nennen es auch die „Dialog-Strategie" – im Betrieb arbeitet, wird sich vermutlich über mangelnde Serviceauslastung keine Sorgen machen müssen. Es gibt unendlich viele Chancen, wir müssen nur lernen diese zu nutzen. Während es früher so war, dass wir von dem gut leben konnten, was wir am Auto haben erledigen können, müssen wir uns heute die notwendigen AWs rund ums Auto zusätzlich suchen. So hat der Serviceberater eine Funktion ähnlich wie ein Arzt – mit einer gründlichen Diagnose (Analyse) kommt man zum Geschäft (pardon, die Ärzte mögen dem Autor verzeihen). Oder: Ein Zahnarzt will möglichst vielen Menschen „ins Maul" schauen, um Fehler im Gebiss zu finden! Autohäuser, die diesen Grundsatz in Ihr Tagesgeschäft nicht wirksam umsetzen können, haben nicht nur die finanziellen Auswirkungen daraus zu ertragen, sondern bekommen vermutlich auch zunehmende Probleme mit unzufriedenen Kunden.

Damit die Serviceberater ihrer Verkaufsaufgabe nachkommen können, ist eine auf dieses Ziel ausgerichtete Prozessorganisation zwingende Voraussetzung – die Berater müssen auch Zeit haben, um als Verkäufer agieren zu können und: Sie müssen auch eine entsprechende Ausbildung dazu haben. Wer in dieser Branche hat seinen Serviceberatern schon erlaubt eine entsprechende Ausbildung zu machen? „Moment", mag da so mancher sagen, „wir haben unsere Leute doch die teure Ausbildung zum geprüften Serviceberater machen lassen"!

Irrtum Nummer 1 – Ein geprüfter Serviceberater kann verkaufen!
Sicher, die Grundlagen dazu wurden vermittelt. Ein Seminar zu besuchen – und das weiß jeder, der Seminare regelmäßig besucht, nur zu genau – bedeutet aber niemals gleichzeitig, dass man die vermittelten Kenntnisse in der Praxis auch sofort umsetzen kann. Man kennt die Grundlagen, jetzt geht es darum, dass man sie in die Praxis des Tagesgeschäftes integriert.

Irrtum Nummer 2 – Wir haben eine Dialogannahme gebaut, jetzt ist mit dem Serviceverkauf alles klar!
Der Bau der Immobilie hat mit dem Serviceverkaufserfolg nur so viel zu tun, wie diese

Investition im Sinne des Gedankens genutzt wird. Man mag sich nur umsehen, wie viele dieser so genannten Dialogannahmen herumstehen und tagtäglich missbraucht werden: Da arbeiten TÜV oder DEKRA und blockieren die Hebebühnen, da werden Kleinreparaturen gemacht und der Verkaufsplatz so zum Expressdienst umfunktioniert, da werden stundenlang Autos auf den Bühnen geparkt – nur zum Verkaufen werden sie nicht genutzt! Dabei ist die Dialogannahme der Showroom der Serviceabteilung!

Die Dialogannahme ist Zentrum und Drehscheibe des Servicegeschäfts

Kommunikation mit Kunden betreiben

Rechnungs-erklärung unterstützen

Kunden-zufriedenheit erzeugen

Qualität beweisen und erklären

Transparenz der Leistung zeigen

Verkauf von nützlichen Kundenvorteilen

↗ **Abb. 25** _ „Die wichtigsten Quadratmeter im Autohaus findet man in der Dialogannahme." Zitat von Werner Gossmann, Servicemarketing-Beauftragter im Autohaus Kunzmann. (Bild: Autohaus Kunzmann in Gelnhausen)

Man stelle sich vor, Kleinreparaturen usw. würden im Verkaufs-Showroom erledigt? Die Empörung der Verkäufer wäre – zurecht – groß. Im Service aber stört das scheinbar niemand, klar, weil die notwendige Sensibilität in Richtung „Serviceverkauf" einfach nicht vorhanden ist. Ein richtiger Serviceverkäufer wird sich dagegen wehren, wenn sein Verkaufsplatz mit artfremden Anliegen belegt wird!

Im Vorwort wird erwähnt, dass der Service der wichtigste Ertragsbringer im Autohaus ist und auch künftig bleiben wird. Weiter wird prognostiziert, dass der Wettbewerb schärfer wird, und dass sich die Bedingungen verändern werden. Nur ein konsequentes Umdenken kann den Kurs korrigieren und das bedeutet nicht nur, dass der Serviceabteilung mehr

Budget für die Werbung zur Verfügung gestellt wird, sondern dass man aus der Serviceberatung zügig einen aktiven Serviceverkauf im vorgenannten Sinne entwickelt, damit man den Werbeerfolg auch in einen Service-Verkaufserfolg ummünzen kann.

Irrtum Nummer 3 – Den Serviceverkauf kann man so in einer zweistündigen Abendveranstaltung richtig ankurbeln.
Obwohl jeder bestätigt, dass unsere Serviceberater grundlegend keine geborenen Verkäufer sind und man ihnen zugesteht, dass Menschen, die aus der Technik kommen, eben keine genialen Verkaufstalente sind, verlangt man von ihnen gleichzeitig nahezu Unmögliches: „Heute Abend ab 18 Uhr gibt es einen Vortrag zu diesem Thema – ein kleiner Imbiss ist gerichtet!" Damit meinen manche Verantwortlichen, dass am nächsten Tag tolle Verkaufserfolge zu feiern wären. Irrtum! Diese Veranstaltung kann vielleicht der Auftakt, der Kick-Off zum Thema darstellen. Mehr aber nicht. Auch ein internes, ganztägiges Seminar am Samstag wird den gewünschten Erfolg nicht herbeizaubern. Wie allen anderen Verkäufern müssen wir unseren Serviceberatern die Zeit gönnen, die notwendig ist, um die beratende Tätigkeit mit der verkäuferischen Leistung zu toppen! Ein seriöser Zeitplan umfasst dazu verschiedene Lern-Etappen, die sich über vier bis sechs Monate erstrecken. Das wäre ein Vorschlag, der nicht nur seriös ist, sondern auch größtmöglichen Erfolg verspricht. Wer wirklich konsequent die Zukunft seines Autohauses plant, möge mal die diesbezüglichen Aktivitäten prüfen, mit denen man die Automobilverkäufer zu Top-Leistungen führen kann.

Werkstattauslastung durch aktiven Serviceverkauf im System der Dialogannahme

Was kann man mit dem aktiven Serviceverkauf erreichen, werden sich manche fragen? Lohnen sich Investitionen? Die Antwort darauf lautet: „Ja, in jedem Fall"! In der Abbildung 26 sehen Sie ein Rechenbeispiel, das sich in langjähriger Praxis als mehr als nur authentisch erwiesen hat.

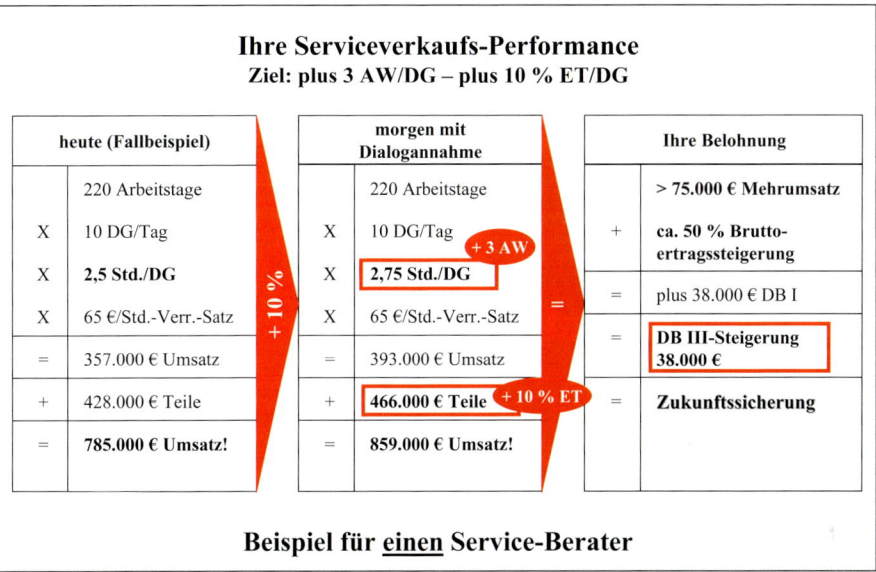

Ihre Serviceverkaufs-Performance
Ziel: plus 3 AW/DG – plus 10 % ET/DG

heute (Fallbeispiel)		morgen mit Dialogannahme		Ihre Belohnung
	220 Arbeitstage		220 Arbeitstage	> **75.000 € Mehrumsatz**
X	10 DG/Tag	X	10 DG/Tag	+ **ca. 50 % Bruttoertragssteigerung**
X	**2,5 Std./DG**	X	**2,75 Std./DG** +3 AW	
X	65 €/Std.-Verr.-Satz	X	65 €/Std.-Verr.-Satz	= plus 38.000 € DB I
=	357.000 € Umsatz	=	393.000 € Umsatz	= **DB III-Steigerung 38.000 €**
+	**428.000 € Teile**	+	**466.000 € Teile** +10 % ET	= **Zukunftssicherung**
=	**785.000 € Umsatz!**	=	**859.000 € Umsatz!**	

+10 %

Beispiel für <u>einen</u> Service-Berater

↗ **Abb. 26** _ Ein Mehrertrag von 30.000 € bis 40.000 € im DB III – je Serviceberater – ist keine Hexerei, eher die Konsequenz aus der Umsetzung relativ einfacher Handlungsweisen, so wie z. B. den ausnahmslosen Fahrzeug-Check auf der Hebebühne.

Im Fallbeispiel sehen Sie einen Betrieb, in dem **ein Serviceberater** zehn Dialogdurchgänge am Tag absolviert und dabei pro Auftrag 2,5 Stunden an Lohnumsatz erwirtschaftet und ein Lohn-/Teileverhältnis von 1 zu 1,2 erreicht.

Mit einer konsequenten Dialogannahme, das werden aktive Anwender gerne bestätigen, können mindestens 3 AWs mehr je Durchgang und bei 10 % Teile- und Zubehör-Mehrumsatz erreicht werden, viele Betriebe erzielen noch bessere Werte.

Im Ergebnis, unter Berücksichtigung üblicher Bruttoertragskennziffern bedeutet diese Auftragsverbesserung einen zusätzlichen DB III von ca. 38.000,– € je Serviceberater! Erfreulich dabei ist, dass diese Zusatzerträge ohne weitere Investitionen erreicht werden können, soweit die Immobilie schon steht. Was hindert so viele Betriebe, diese Strategie sofort umzusetzen?

↗ **Abb. 27** _ Alles zum Thema zur Durchführung der Dialogannahme mit aktivem Serviceverkauf, dem Prozessmanagement und mit praktischen Vorlagen für aktive Verkaufsgespräche können Sie im Fachbuch „Aktiver Serviceverkauf" von Erwin Wagner, erschienen im Auto Business Verlag, nachlesen.

Mit System und Disziplin zum Verkaufserfolg

Wer die Fahrzeuge in der Dialogannahme richtig checkt und dies mit eiserner Disziplin an möglichst vielen Fahrzeugen durchführt (Mindest-Zielquote: 70 % aller Werkstattdurchgänge), wird automatisch mehr AWs, mehr Teile und mehr Zubehör verkaufen. In den folgenden Bildern wird dieser Fahrzeug-Check in verschiedenen Phasen gemeinsam mit den dazugehörigen Umsatzchancen vorgestellt.

CHECKLISTE

Fahrzeug-Check auf der Fahrt vom Serviceparkplatz in die Dialogannahme
- Bremsen, Feststellbremse
- Wischerblätter, Wisch-/Waschanlage
- Windschutzscheibe – Steinschlag
- Sicherheitsgurte, Sitzbefestigung
- Innen- und Instrumentenbeleuchtung
- Pixelfunktion am Tacho
- Klimaanlage, Heizung, Lüftung
- Standheizung
- Zustand Innenraum
  (Sauberkeit, Schäden an Polster/Leder)
- Innenraum Aufbereitung
- Fußmatten
- Freisprecheinrichtung
- Navigationssoftware
- Beschädigungen an Frontscheibe/Seitenscheiben

Fahrzeug-Check – Motorraum

- Scheibenwaschanlage, Flüssigkeit
- Bremsflüssigkeit
- Dichtigkeit der Aggregate
- Motoröl-Peilstab ziehen
  (wegen späterem Mitnahmeölverkauf)
- Schläuche, Kontakte
- Dämm-Material
- Kühlflüssigkeit
- Batterie
- Keilriemen
- Motorwäsche
- Gas-Nachrüstung

Um das stehende Auto herum

- Scheinwerfer, Blinkergläser
- Kratzer, Dellen, Lackschäden
- Rostbefall
- Heckleuchten, Glas
- Kennzeichenhalter
- Heckwischer
- Frontscheibe, Schäden,
  Feinstaubplaketten

Im Kofferraum

- Reserveöl
- Antirutschmatte, Schale
- Warndreieck
- Reserverad
- Sicherheitsweste
- Abschleppseil
- Verbandskasten
- Reservekanister

Auto halb hochgehoben

- Bremsbeläge
- Bremsscheiben
- Reifen-Gasbefüllung
- Reifenflanken
- Felgen
- Türschweller
- Front-/Heck-Bleche
- Split- und Steinschlagschäden vorne

Auto ganz hochgehoben

- Reifenprofil
- gleichmäßiger Profilabrieb
- Dichtigkeit Motor, Getriebe, Hinterachse, Achsmanschetten
- Gelenkwellen
- Kraftstoffleitungen
- Bremsleitungen
- Unterbodenschutz, Rost
- Abgasanlage
- Stoßdämpfer
- Spurgelenke
- Rußpartikelfilter

Generell zum Auto

- § 29/47
- Garantie-Ende
- Garantieverlängerung
- Servicevertrag
- Zubehör-Verleih

Zurück zur Behauptung oder Vorgabe:

„Je Durchgang können drei AWs mehr verkauft werden und 10 % mehr Teile-/Zubehör-umsatz erreicht werden."

Wer zweifelt beim Durchlesen dieser „Chancen-Checkliste" noch an der Durchführbar-keit?

! **Ein Tipp dazu: Lassen Sie diese Vorschläge von Ihren Servicemitarbeitern prüfen und ggf. ergänzen!**

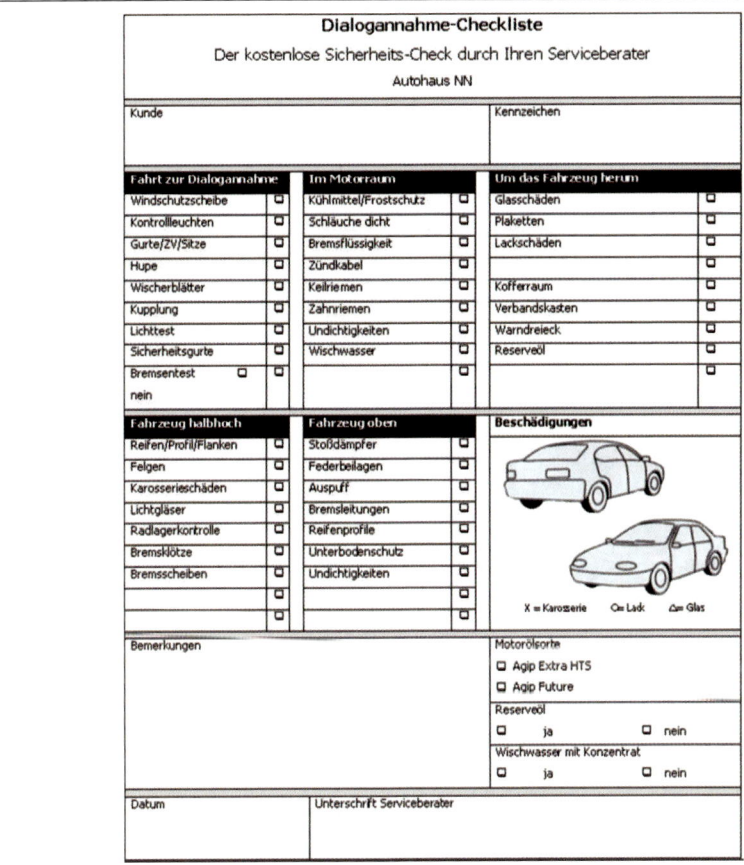

* Der Vorabcheck ist lediglich eine Sichtprüfung rund um Ihr Auto vor der Auftragsdurchführung und beinhaltet nicht den Ausbau von Fahrzeugteilen. Folglich kann bei Nichterkennung nicht sichtbarer Schäden leider keine Haftung übernommen werden, trotz aller Sorgfalt durch Ihren Serviceberater.

↗ **Abb. 28** _ Der konsequente Einsatz der Checkliste in der Dialogannahme führt zu erkenn-bar besseren Aufträgen.

4 _ Praxisbeispiele von Aktionen und Angeboten zur Sicherung der Werkstattauslastung

Auf den folgenden Seiten finden Sie mehrere Beschreibungen von Produkten und Dienstleistungen, mit denen Sie Ihre Werkstattauslastung unterstützen und fördern können. Einige Beispiele mögen Ihnen in der Art auffallen, als dass sie banal klingen und man meint, dass diese Angebote in jedem Betrieb sowieso durchgeführt werden. Das mag korrekt sein, aber die Frage stellt sich, in welcher Art und Weise das geschieht und ob es nicht nur reflexartig geschieht, weil es halt so üblich ist oder ob es mit dem Ziel angewandt wird, das betreffende Instrument zur gezielten Förderung der Werkstattauslastung einzusetzen. Einige Beispiele mögen diesen Gedanken erläutern:

- Im April findet man im Autohaus noch Plakate, die zum **Winter-Check** einladen und es fällt niemandem im Autohaus auf. Hinweise zum Frühjahrs-Check fehlen dafür komplett – na ja, man ist ja noch mit dem Winter beschäftigt. Im Kundenbereich wird noch für Winterreifen geworben, für Batterien und auch sonst scheint der Frühling noch nicht eingezogen zu sein. Auf den Schreibtischen der Serviceberater stehen Flyer-Halter, in denen Prospekte für Winterreifen enthalten sind, einschließlich der Warnung, dass der Gesetzgeber „jetzt" die Winterreifen vorschreibt. Wie gesagt: Im April!

Keine Ausnahme, das findet man häufig und wenn man die Serviceberater befragt, welches Angebot auf ihrem Schreibtisch liegt, dann können Ihnen viele keine Antwort geben. Dass in solchen Häusern, in denen die Aktionen derart pflichtgemäß abgespult werden, damit kein Blumentopf gewonnen werden kann, ist jedem klar. Deshalb hat die Darstellung, wie man mit den Saison-Checks richtig umgeht, in diesem Buch ihre Berechtigung.

- Ein anderes **Beispiel**: Das **Mitnahmeöl** wird in der Kunden- oder Kassenzone präsentiert. Man wundert sich, dass kaum ein Kunde eine Dose davon kauft und stellt lapidar fest: Die Kunden brauchen kein Öl! Richtig aber ist, dass das Mitnahmeöl nur einen richtigen Verkaufsort hat und das ist die Präsentation in der Dialogannahme, in Höhe des Kofferraums, wo der Serviceverkäufer den Kunden direkt darauf ansprechen und im Bedarfsfall das Produkt sofort im Kofferraum platzieren kann (und es natürlich im Auftrag notiert). So kann man Öl verkaufen!

Wer die attraktiven Spannen ansieht, die es beim **„goldenen Schmierstoff"** zu verdienen gibt und diese Tatsache einer kritischen Betrachtung zum Thema sinkende Werkstattauslastung und sinkende Erträge unterzieht, versteht manchmal die Welt nicht mehr. Mit einer aktiven Kundenansprache in Sachen Öl ist auch für kleinere Häuser mal schnell eine fünfstellige Ertragsverbesserung (DB III) zu erreichen. Der dafür zu leistende Einsatz liegt ausschließlich darin, den Mund aufzumachen und die Kunden daraufhin anzusprechen! Wer dies nicht schafft, handelt grob fahrlässig, es steht nicht nur der eigene Job auf dem Spiel, sondern auch der von Kollegen, das sollte jedem bewusst sein. Unter diesem Aspekt hat auch das Thema „Mitnahmeöl" – obwohl es uralt ist – hier seine Berechtigung.

> • **Beispiel smart-repair:** Tagtäglich werden an tausenden Fahrzeugen in den Werkstätten bei der Fahrzeugabgabe Karosseriemängel (Kratzer) festgestellt, diese werden im Prüfprotokoll festgehalten und vom Kunden unterschrieben, damit man später keinen juristischen Ärger bekommt, weil das Fahrzeug ja eventuell beim Service hätte beschädigt werden können. So weit, so gut, nur wichtig wäre natürlich, sofern der Schaden schon festgestellt wird, dass gleichzeitig dem Kunden auch ein Angebot zur Schadensbeseitigung mittels „smart-repair-Methodik" gemacht wird. Geschieht das in allen Fällen (das wäre das Pflichtprogramm) oder nur in ein paar Prozent von Hundert? Oder gar nur dann, wenn der Kunde danach fragt? Die Aufgabe heißt: Bedarf ermitteln und Problemlösungen anbieten. Wer dies unterlässt, schädigt den eigenen Betrieb und eröffnet Konkurrenten neue Chancen.

Mit welcher Hartnäckigkeit die Markenautohäuser diese Dienstleistungsangebote an die Kunden verweigern, ist nicht nachvollziehbar, wobei A.T.U gleichzeitig meldet, dass dieses Angebot zurzeit zu den Wachstumsprodukten zählt. Wie kompliziert das alles wäre und welcher Aufwand dahinter steckt – so hört man von den „Fachbetrieben"! Manche müssen sich noch gehörig weiter entwickeln, damit sie mit ihrer Angebotspalette am Markt up to date bleiben.

Diese Beispiele mögen die folgenden Handlungsempfehlungen legitimieren. Zu jedem Produkt und zu jeder empfohlenen Dienstleistung finden Sie eine komplette Beschreibung für Ihre tägliche Praxis, begonnen bei der Zielgruppendefinition bis hin zu Werbebeispielen und Argumentationshilfen für Ihr Servicegespräch nach folgender Einteilung:

1. Produktbeschreibung
2. Zielgruppe
3. Ideale Angebotszeit
4. Preisstrategie
5. Verkaufsförderung und Werbung am Point of Sale (POS)

6. Werbeinstrumente

7. Tipps für Serviceberater

Bei der Umsetzung wünschen wir viel Erfolg und wie immer bei solchen Empfehlungen muss erwähnt werden, dass jedes Detail sorgfältig überprüft, in der Praxis getestet und auch von Kollegen für gut geheißen wird. Eine rechtliche Verantwortung gleich welcher Art können aber weder Verlag noch Autor dafür übernehmen.

4.1 _ § 29 HU / § 47 AU als generelle Standard-Aktion

1. Produktbeschreibung

Diese gesetzliche, periodisch fällige, technische Fahrzeugüberprüfung gehört zu den Klassikern des Werkstattgeschäfts. Um die Gunst der Kunden werben die Prüfgesellschaften, die Mehrmarken- und Fast-Fit-Betriebe und die Marken-Werkstätten, in denen an einem oder mehreren Tagen in der Woche die Prüfungen durchgeführt werden. Ziel für die Werkstätten muss sein, so viele HU/AU-Checks wie nur möglich ins Haus zu holen. Die sofortige Instandsetzungsmöglichkeit bei entdeckten Fehlern einerseits, wie auch die Möglichkeit zum Vorab-Check vor der Untersuchung, sind wichtige Argumente zur Kundengewinnung. Weiß jeder Ihrer Kunden wie vorteilhaft die Durchführung von § 29/47 in Ihrem Betrieb ist? Laden Sie Ihre Kunden wirkungsvoll zur HU/AU ein?

2. Zielgruppe

Alle in den Stammdateien registrierten Kunden mit entsprechender Fälligkeit. Nichtkunden mit bevorstehender Fälligkeit.

3. Ideale Angebotszeit

ganzjährig, nach Terminvorgabe

4. Preisstrategie

Im Allgemeinen kann man nicht empfehlen mit den gesetzlich vorgeschriebenen Produkten in Preiskämpfe einzusteigen. Wer mit HU/AU neue Kunden gewinnen will, kann z. B. **Gutscheine** ausgeben: „20 € Nachlass auf die HU/AU", damit gibt man einen finanziellen Anreiz aber nur ein Mal und so zerstört man sich nicht sein gesamtes Preisgefüge. Einen weiteren Anreiz kann man geben, indem man z. B. den **Vorab-Check** für den Kunden gratis durchführt – letztlich ist dies ja auch das Instrument, das zu anschließenden Werkstattaufträgen führen soll.

5. Verkaufsförderung und Werbung am „Point of Sale" (POS)

- Außenwerbung am Gebäude, die Prüfgesellschaften stellen entsprechende Werbetafeln zur Verfügung
- Plakatwerbung in der Kundenzone, so z. B.: „§ 29-Plaketten erhalten Sie bei uns täglich!"
- Pflege der Stammdateien mit entsprechendem Terminvermerk – Terminvereinbarung telefonisch oder per Mailing

6. Werbeinstrumente

- Die § 29-Überprüfung im Hause sollte in allen Veröffentlichungen des Autohauses (z. B. Flyer, Kundenzeitungen, Aktionsblätter) als Dienstleistung mit den vielen Vorteilen für den Kunden herausgestellt werden, die Sie bieten können.
- Mailing an Kunden mit § 29-Fälligkeit innerhalb vier bis sechs Wochen vor Fälligkeit.
- Telefonische Terminerinnerung mit sofortiger Terminvereinbarung mit dem Kunden.
- Online-Terminerinnerung – Planungstool (Terminreminder) auf Ihrer Homepage, auf dem sich Kunden selbst eintragen können und anschließend rechtzeitig eine Erinnerungsmail erhalten.

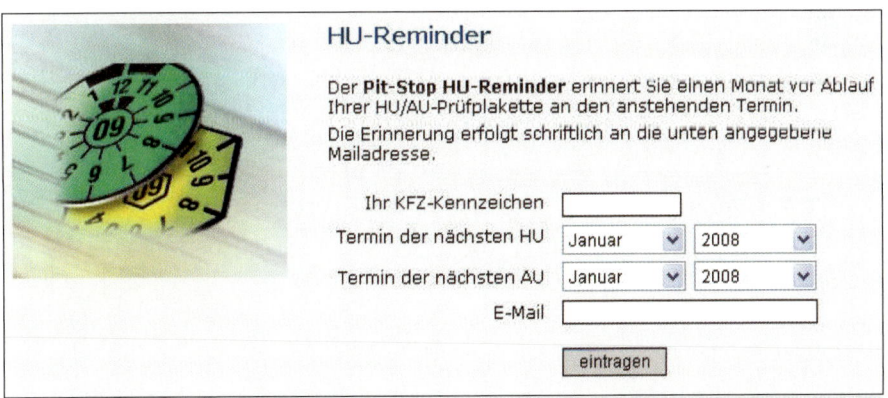

↗ **Abb. 1_** Pit-Stop-Terminerinnerung online – Autohäuser sollten ebenfalls über ihre Homepage eine Erinnerungsfunktion anbieten. Darüber hinaus ist es notwendig, die Kunden am besten per Telefon zum Termin einzuladen.

MUSTER

Herrn
Fritz Kunde
Marktplatz 1

88888 Musterdorf

Diese neuen Plaketten benötigen Sie in den nächsten Wochen

Guten Tag, sehr geehrter Herr Kunde,
wie die Zeit vergeht! Seit Sie Ihren neuen XYZ bei
uns übernommen haben, sind schon knapp **drei
Jahre** vergangen.

Ihr Fahrzeug ist sicher **in bester Ordnung**, dafür
haben Sie in Zusammenarbeit mit unserem Kundendienst gesorgt. Jetzt steht die gesetzlich vor-
geschriebene **erste Hauptuntersuchung** nach § 29
und die dazugehörige Abgasuntersuchung an.
Daran möchten wir Sie heute gerne erinnern.

Sie können beide Prüfungen bequem bei uns im Hause durchführen lassen, dazu
haben wir ein besonderes Angebot für Sie:

**Bringen Sie Ihr Auto zu unseren geschulten Fachkräften und alles wird für Sie
erledigt. Morgens gebracht – und am Abend nehmen Sie Ihr Auto mit den neuen
Plaketten wieder in Empfang.**

Rufen Sie doch gleich Ihre persönliche Serviceassistentin, **Frau Sabine Rot**, an.
Sie ist für Sie täglich von 8.00 bis 18.00 Uhr unter der Telefon-Nr. (01 23) 8 89 90 01
erreichbar. Hier können Sie sofort einen für Sie passenden Termin vereinbaren.

Wir freuen uns, Sie bald bei uns begrüßen zu können und verbleiben

mit freundlichen Grüßen

Sabine Rot
Serviceassistentin Autohaus Felix Braun

PS: Für den Tag des Werkstattaufenthaltes bieten wir Ihnen gerne ein
Ersatzfahrzeug für nur 29,– € inklusive 100 km freier Fahrt an.

↗ **Abb. 2** _ Terminerinnerung mit Humor (Quelle: Hermann Fachversand, www.hermann-fachversand.com)

Telefonskript zum aktiven Anruf bei Stammkunden mit bevorstehender HU/AU-Fälligkeit	
Ziel des Anrufes • Kunden an bevorstehenden HU/AU-Termin erinnern • Termin für Durchführung sofort vereinbaren • Termin nach Vereinbarung bestätigen	
Organisation Adressen aus Stammdatei mit HU/AU-Fälligkeit in 6 bis 8 Wochen selektieren	
Gesprächsvorbereitung	
Kundeneinwände • Termin stimmt nicht • Wir fahren lieber zu TÜV/DEKRA oder anderen Prüfstationen	**Antworten** • Können Sie uns bitte den genauen Eintrag aus Ihrem Kfz-Schein sagen? • Wenn Sie Ihr Auto zu uns bringen, dann können Sie vor der § 29-Abnahme Ihr Auto gemeinsam mit unserem Meister durchchecken. Das kostet Sie nichts und Sie können u. U. Schäden vorab noch feststellen und beheben lassen. • Bei uns bekommen Sie alles aus einer Hand, morgens gebracht und am Abend ist alles fertig.

MUSTER

> • Für den Fall, dass etwas beanstandet wird, können wir es in der Werkstatt sofort erledigen und Sie sparen Kosten und Zeit für die Wiedervorführung.

Gesprächsdurchführung

„Guten Tag, hier ist Rot, Sabine Rot, vom Autohaus Felix Braun, spreche ich mit NN?"

„Ja, bitte?"

„Wir haben hier im Autohaus den fälligen Termin für Ihr Auto vermerkt und möchten Sie darauf aufmerksam machen, dass im nächsten Monat die Haupt- und Abgasuntersuchung fällig ist. Darf ich mit Ihnen gleich einen Termin vereinbaren, damit wir zur Durchführung in unserer Werkstatt alles vorbereiten können?"

    Ja → Termin vereinbaren

    Nein → „Darf ich Sie in zwei Wochen nochmals ansprechen?"

(Bei Einwänden siehe Gesprächsvorbereitung)

CHECKLISTE

Checkliste § 29 – Vorab-Check

Kunde: _____   km-Stand: _____

Bemerkungen:

Kennzeichen: _____   Sollen erforderliche Arbeiten sofort durchgeführt werden?   ❑ ja   ❑ nein

Soll das Fahrzeug dem TÜV vorgeführt werden?   ❑ ja   ❑ nein

Prüfarbeiten	Prüfergebnis	i. O.	nicht i. O.
Abgas-Untersuchung	Ist die Abgasuntersuchung durchgeführt, Prüfbericht?	❑	❑
Reifen/Räder	Richtige Teile entsprechend den Daten der Fahrzeugzulassung?	❑	❑
Anbauten	Befinden sich am Fahrzeug unzulässige Anbauten?	❑	❑
elektrische Anlage, Beleuchtung	Funktion Leuchten, Blinker und Signalhorn?	❑	❑
	Entsprechen die Leuchten der Zulassung und sind technisch OK? Einstellung der Scheinwerfer?	❑	❑
Motor/Getriebe, Achsantrieb	Sichtprüfung auf Undichtigkeiten und Festsitz der Aufhängungen?	❑	❑
Reifenzustand	Beschädigungen/Reifenlaufbild, Profiltiefe einschließlich Reserverad?	❑	❑

Bremsscheiben, Bremsklötze	Sichtprüfung auf Verschleiß und ausreichende Stärke?	❑	❑
Bremsleitungen, Bremszylinder, Bremsschläuche	Sichtprüfung auf Undichtigkeit, Korrosion und Beschädigungen?	❑	❑
Bremswirkung	Funktion: • Fußbremse • Handbremse	❑	❑
Abgasanlage	Sichtprüfung auf Dichtigkeit, Beschädigungen und Geräusche?	❑	❑
Karosserie	Sichtprüfung auf Korrosion und Risse an tragenden Teilen?	❑	❑
Fahrwerk, Achskörper	Sichtprüfung auf Dichtigkeit, Spiel Beschädigungen: Radlager, Achsgelenke, Gelenkschutzhüllen, Stoßdämpfer?	❑	❑
Lenkung	• richtiges Lenkrad • Zustand/Wirkung der Lenkung	❑	❑
Warndreieck, Verbandskasten	• vorhanden • Verbandskasten-Verfalldatum prüfen	❑	❑

_____   _____
Unterschrift Kunde   Unterschrift Serviceberater

So gewinnen Sie mit Car-Stickern neue Kunden für Ihr § 29/47-Dienstleistungsangebot

1. Lassen Sie Ihr Stickerangebot drucken, bieten Sie einen Vorteil, der Sie Kunden gewinnen lässt. Falls Sie finanzielle Vorteile bieten, dann achten Sie darauf, dass Sie nicht die üblichen HU/AU-Preise senken, sondern arbeiten Sie besser mit einem Gutschein zur Einlösung bei Auftragserteilung (Muster siehe Abb. 3).
2. Suchen Sie zuverlässige Kräfte zur Verteilung der Flyer, definieren Sie genau die Fahrzeuge (Marke, Typ, § 29-Fälligkeit in z. B. maximal 8 Wochen, . . .), die bestickert werden sollen.
3. Lassen Sie Ihre Mitarbeiter nun die von Ihnen definierten Fahrzeuge in einem bestimmten Gebiet suchen und lassen Sie nur an diesen Autos die Sticker anbringen.

↗ **Abb. 3** _ Muster eines Car-Stickers zur Neukundengewinnung für HU/AU-Fälligkeit, der dem Autohaus innerhalb eines Jahres über 200 Neukunden gebracht hat (Autohaus Bartels, Hannover).

7. Tipps für Serviceberater

- Checken Sie jedes Auto, das Sie auf dem Firmengelände Ihres Betriebes sehen, auf die HU/AU-Fälligkeit. Sie werden immer wieder Fahrzeuge finden, die durch die verschiedenen Erinnerungssysteme durchgerutscht sind.
- Für die Serviceberater besteht die „Pflicht" generell bei jeder Dialogannahme einen Blick auf die Fälligkeit der Plaketten zu werfen, so manches Auto ist schon durch das Netz der Terminerinnerung gefallen und es wäre peinlich, wenn einige Wochen später dieser Termin fällig wäre.
- Zu empfehlen ist der (gerne auch kostenlos angebotene) „§ 29-Vorab-Check" vor dem Prüftermin. Diesen Vorteil für den Kunden sollte man bewerben, nach dem Motto: „Schützen Sie sich vor Überraschungen – wir checken Ihr Auto vor der behördlichen Überprüfung!" Dazu sollte man die Checkliste gemäß Muster – siehe Seite 110 – nutzen.
- Die wichtigsten Argumente des Serviceberaters für seine Kunden sind
  - „Wir kümmern uns um alles – Sie bringen morgens Ihr Auto und holen es abends mit den neuen Plaketten wieder ab."
  - „Falls Mängel festgestellt werden, können wir sofort agieren und Sie sparen sich Zeit und Kosten der Wiedervorführung."

– „Wir können einen gemeinsamen Vorab-Check machen – so können wir eventuelle Beanstandungen schon im Vorfeld erkennen und können so notwendige Instandset- zungen noch vor der Überprüfung vornehmen."

4.2 _ Saison- und Sicherheits-Checks: Frühjahr, Sommer, Winter

1. Produktbeschreibung

Bieten Sie Ihren Kunden mehrmals im Jahr die Gelegenheit, das Fahrzeug überprüfen zu lassen. Die Zeit vor und nach dem Winter ist dabei besonders wirkungsvoll, aber auch die Durchsicht des Fahrzeuges vor der Urlaubsreise ist für manche Kunden attraktiv, auch wenn dieser Saison-Check zunehmend an Interesse verliert (. . . stammt er doch aus einer Zeit, wo die Serviceintervalle noch bei 5.000 Kilometern lagen und die Ferienreise an den Gardasee noch ein Risiko darstellte!).

Wenn die Durchsicht nach dem Winter **(Frühjahrs-Check)** und der Check vor dem Winter **(Winter-Check)** – jeweils verbunden mit dem Räderwechsel – eine für die Kunden mittler- weile vertraute Angelegenheit ist, so sollte man den **Urlaubs-Check** in etwas veränderter Form anbieten, zum Beispiel so:

„Ein kostenloser Sicherheits-Check **nach** der Reise inklusive einer gründlichen Wagen- wäsche!"

↗ **Abb. 4** _ Flyer für den Nach-Urlaubs-Check (Autohaus Bartels, Hannover).

Wenn wir uns in Erinnerung rufen, warum wir diese Checks überhaupt anbieten, so erhält diese Überlegung Sinn: Während der Urlaubsreise sind vielleicht Schäden entstanden oder man hat am Auto Unregelmäßigkeiten entdeckt. Oder die Kunden haben einfach das Bedürfnis nach einer langen Reise aus Sicherheitsgründen das Fahrzeug checken zu lassen. Und: Eine **gründliche Wäsche** nach der Reise hat wohl jedes Auto notwendig. Wie bei allen anderen Saison-Checks auch, liegt unser Interesse daran, so viele Autos wie möglich auf die Hebebühne zu bekommen, um dort – zur Sicherheit für unsere Kunden – das Fahrzeug gründlich zu überprüfen, um eventuelle Schäden zu entdecken, die einen anschließenden Werkstattauftrag auslösen. Saisonale Sicherheits-Checks sind dazu da, um **„Arbeit am Kundenfahrzeug zu suchen"**, deshalb führt diesen Check auch der Serviceberater direkt im Beisein des Kunden am Fahrzeug in der Dialogannahme durch. Die Checkliste dient dabei als Grundlage zur lückenlosen Untersuchung.

Generell sollten wir dabei den Wunsch des Kunden bei den langen Serviceintervallen nach mindestens einer jährlichen Sicherheits-Überprüfung in ein Angebot umsetzen. Dazu kann man die Sicherheits-Checks auch ohne Saisonanbindung anbieten und als Aktion mit begrenztem Zeitraum bewerben. Außerdem sollte man alle Checks im Programm haben und die Kunden entscheiden lassen, welche sie annehmen möchten.

2. Zielgruppe

Alle Kunden aus der Stammdatei, deren letzte Inspektion/Werkstattaufenthalt länger als sechs Monate zurück liegt.

3. Ideale Angebotszeit

Frühjahr für den Frühjahrs-Check, verbunden mit dem Räderwechsel, Frühsommer vor der Ferienzeit oder Sommer nach der Ferienreise, Spätherbst für den Winter-Check mit Räderwechsel. Alle Checks sind zeitlich als Aktion begrenzt.

4. Preisstrategie

Grundsätzlich ist der Saison-Check ein erlaubtes **„Lockvogelangebot"**! Sinn und Zweck ist, dem Kunden das Gefühl der Sicherheit zu vermitteln. Dazu ist es notwendig, dass ein Fachmann – am besten der Serviceberater – das Auto überprüft. Wenn man so will, dann handelt es sich um eine intensive Dialogannahme, bei der keine weiteren Zusatzkosten entstehen, da keine Produktivkräfte in den Vorgang eingebunden sind, eher handelt es sich um eine Akquisition von möglichen Werkstattarbeiten. Aus dieser Sicht ist der dafür geforderte Preis eher zweitrangig, wenn man so vorgeht – insbesondere so wie im Kapitel 3 beschrieben, dann wäre auch ein NULL-€-Angebot möglich. Andererseits ist aber zu bedenken, dass alles, was nichts kostet, so wie ein altes Sprichwort sagt, auch nichts wert ist. Die in der Branche für diese Dienstleistungen üblichen Angebote bewegen sich zwischen 9,90 € bis zu 39,- €. Man sollte eventuell darüber nachdenken diesen Check, gerade weil er der Akquise von Werkstattarbeiten dient, mit zusätzlichen Gratisgaben aufzuwerten, so z. B. mit einer **Gratiswäsche** (Gutschein ausgeben) bis hin zu wertvollen **Give-aways**, so wie es beim Mercedes-Händler Kunzmann in Aschaffenburg praktiziert wird (siehe Abb. 5).

↗ **Abb. 5 _** Im Autohaus Kunzmann erhalten Kunden zum Sicherheits-Check wertvolle Give-aways. Die Präsente wechseln vier Mal im Jahr, so wird die Aktion dauerhaft attraktiv gehalten.

5. Verkaufsförderung und Werbung am „Point of Sale" (POS)

Generell sollten die Check-Angebote in der Kundenzone und in der Dialogannahme zeitgerecht plakatiert sein, dazu sind auch Flyer empfehlenswert, die man als Beilage zu Briefen verwenden kann, ebenso zur Auslage in der Kundenzone.

↗ **Abb. 6** _ Verschiedene Plakate für Saison-Check-Angebote zur Ausstattung in der Dialogannahme und in der Kundenzone.

6. Werbeinstrumente

- **Mailing mit Flyer** als Beilage, dazu ist es auch möglich einen kleinen Prospekt mit Zubehör beizulegen, der für die Reisezeit besondere Angebote enthält (Kühlboxen, Warnwesten, Dachträgersysteme inklusive Verleihangebote u. v. a. m.).
- Für Autohäuser, die größere Neukunden-Akquisitionen vorhaben, ist unter Umständen auch eine **Printwerbung** für die Saison-Checks denkbar.
- Gezielte Neukundenwerbung mittels **Car-Sticker** ist möglich.

↗ **Abb. 7 _** Ein Autohaus geht mit dem Check-Angebot über die betreute Marke hinaus und wirbt zudem mit einem zur Reisesaison passenden Give-away (Autohaus Schubert, Schlieben).

**Muster Mailing
Einladung zum Saison-Check Winter**

Herrn
Fritz Kunde
Marktplatz 1

88888 Musterdorf

Die ersten Nachtfröste stehen vor der Tür!
Bald wird es wieder eiskalt!

Sehr geehrter Herr Kunde,
der Kalender weist eindeutig darauf hin, schon bald sinken die Temperaturen auf Null
Grad und darunter. Dies ist ein wichtiges Signal für Ihre Sicherheit im Straßenverkehr.
Wir haben deshalb auch in diesem Jahr in der Zeit vom **1. Oktober bis zum 31. Okto-
ber** wieder unseren **„Eis & Schnee-Service"** für Sie eingerichtet. Ohne Voranmeldung
überprüfen wir Ihr Auto fachmännisch und schnell auf die Frostsicherheit, u. a. ge-
hören folgende Punkte zum angebotenen „Eis & Schnee-Service":
• Wir prüfen die Frostsicherheit der **Kühlflüssigkeit**.
• Wir füllen die **Scheibenwaschanlage mit Frostschutz** auf.
• Wir prüfen die **Scheibenwischer**, ob sie Regen und Schnee noch gewachsen sind.
• Wir machen Ihre **Türschlösser frostfest**.
• Wir überprüfen die **Scheinwerfer** und stellen sie ggf. richtig ein.
• Wir werfen einen Blick auf die **Batterie**, denn sie hat jetzt Schwerstarbeit vor sich.

Und Sie fahren **nach wenigen Minuten** „frostsicher" weiter und bekommen als kleines
Zuckerl von uns auch **noch einen Eiskratzer gratis dazu!** Und jetzt kommt noch ein
ganz **besonderes Angebot für Sie als Stammkunde** unseres Hauses: **Bringen Sie dieses
Schreiben zum Eis & Schnee-Service einfach mit** und Sie erhalten die beschriebenen
Leistungen von uns **kostenlos!** Ist das ein Wort? Dazu haben wir **jetzt ganz besonders
günstige Angebote** für praktisches und sinnvolles Winterzubehör, vom Türschlossent-
eiser bis zum Winterreifen, alles zu **besonders günstigen Preisen**, da lohnt es sich,
zu uns zu kommen. Noch Fragen? Wir stehen Ihnen gerne unter der Telefon-Nr.
(01 23) 45 67 89 zur Verfügung, wir haben Zeit für Sie.

Mit freundlichen Grüßen

Vorname, Name, Autohaus NN

PS: Bitte denken Sie frühzeitig an die bevorstehenden Frostnächte – kommen Sie zum
„Eis & Schnee-Service", der ist für Sie gratis und spart so manchen Ärger.

Frau
Rosa Kunde
Marktplatz 1

88888 Musterdorf

Weg mit dem Winterballast
Das „Frühlings-Fit-Angebot" wartet auf Ihren Wagen

Sehr geehrte Frau Kunde,
endlich ist es wieder so weit, Schnee und Eis liegen bald hinter uns, **der Frühling kann kommen.** Das ist gerade der richtige Zeitpunkt, um **Ihren Wagen gründlich von den Spuren des Winters zu befreien.** Dazu haben sich unsere Servicemitarbeiter ein ganz besonderes Angebot ausgedacht:

- Wir waschen Ihr Auto gründlichst und lassen dabei keine Ecke aus.
- Wir machen eine Unterbodenwäsche, damit das Salz kein Unheil anrichtet.
- Wir reinigen den Motor und versiegeln ihn.
- Wir nehmen eine gründliche Innenreinigung vor.
- Wir putzen Ihre Fenster blitzblank.
- Wir kontrollieren den Lack auf eventuelle Schäden.
- Wir überprüfen gründlich den Unterbodenschutz.
- Wir kontrollieren Bremsflüssigkeit und Motorenöl.
- Wir übergeben Ihnen Ihr Auto „frühlingsfrisch" und . . .
- Sie fahren dann mit Hochglanz in den Frühling.

Und hier noch das Beste für Sie als unseren treuen Stammkunden:
Die komplette Leistung **kostet Sie absolut nichts!** Bringen Sie zum Termin einfach dieses Schreiben mit.

Auf bald zum Frühjahrsputz bei uns im NN-Autohaus.

Vorname, Name, Autohaus NN

PS: Während wir Ihr Auto auf Hochglanz bringen, können Sie sich ein wenig unser **Frühjahrs-Zubehörangebot** anschauen. Tolle Sachen warten dort auf Sie, z. B. Pflegemittel, Dachträgersysteme u. v. a. m. – **zum günstigen Preis.**

M U S T E R

Herrn
Fritz Kunde
Marktplatz 1

88888 Musterdorf

Service vom XYZ-Spezialisten – beste Qualität zum günstigsten Preis

Sehr geehrter Herr Kunde,
dass Sie immer und überall gut ankommen ist das Ziel unseres **Serviceteams**. Wir laden
Sie deshalb zu einem

Sicherheits-Road-Check

ein. Dabei prüfen unsere Fachleute Ihr Fahrzeug auf „Herz und Nieren", u. a. folgende
Funktionen:
- ❏ Kühlsystem
- ❏ Bremsen (Sichtkontrolle)
- ❏ Reifen
- ❏ Auspuff, Stoßdämpfer
- ❏ Keilriemen, Zahnriemen
- ❏ Licht, Batterie
- ❏ Glas, Scheibenwischer
- ❏ Bremsflüssigkeit, Motorenöl

. . . und vieles andere mehr, was Ihrer Sicherheit dient.

Kommen Sie einfach bei uns vorbei – oder vereinbaren Sie einen Termin unter der
Telefon-Nr. (01 23) 45 67 89. Der Check dauert ca. 30 Minuten, Sie können auf die
Fertigstellung bei uns gerne **bei einer Tasse Kaffee** warten.

Alles zusammen, inklusive eines **Sicherheits-
zertifikats** und einem **6-Monats-Mobili-
tätsversprechen**, bekommen Sie für nur
29,- € (Angebot zum garantierten Festpreis
ist gültig bis 30.9.20XX).

Gerne erwartet Sie unser Serviceteam hier im **Autohaus**.

Mit freundlichen Grüßen

Vorname, Name, Autohaus NN

PS: Nutzen Sie diesen Aufenthalt in unserem Hause dazu, um die neuesten Modelle zur
Probe zu fahren. Bitte rufen Sie uns unter (01 23) 45 67 89 an, damit wir Ihr Wunschmo-
dell bereitstellen können.

Frau
Rosa Kunde
Marktplatz 1

88888 Musterdorf

Genießen Sie unbeschwert Ihren Urlaub

Sehr geehrte Frau Kunde,
endlich steht die Ferienzeit vor der Tür, vielleicht haben Sie auch **eine kleine oder große Reise** geplant und Ihr XYZ wird Sie sicher ans Ziel und wieder nach Hause bringen. Nach dem Motto:

„Vertrauen ist gut, Kontrolle ist besser"

laden wir Sie vor der Urlaubsreise zu einem **Sicherheits-Check** für Ihren XYZ zu uns ins Autohaus ein. Unsere Servicefachleute checken die wichtigsten Funktionen durch und so können Sie mit einem guten Gefühl auf die Reise gehen.

Kommen Sie einfach bei uns von Montag bis Freitag in der Zeit von 10.00 bis 16.00 Uhr vorbei, Sie brauchen sich für diesen Check nicht extra anzumelden. Bei einer Tasse Kaffee können Sie gerne **auf die Fertigstellung Ihres Wagens** warten. Oder Sie sehen sich einstweilen bei uns im Zubehörshop um, dort finden Sie nützliche Dinge, die die Reise erleichtern, so z. B. elektrische Kühlbehälter, Dachträgersysteme, Navigationssysteme u. v. a. m.

Mit freundlichen Grüßen

Vorname, Name, Autohaus NN

PS: Fahren Sie bitte nicht ohne einen **Sicherheits-Check für Ihren XYZ** in den Urlaub – diese Durchsicht ist die beste Gewähr für eine pannenfreie Reise.

↗ **Abb. 8** _ Mit dem Car-Sticker neue Kunden für den Saison-Check gewinnen (Autohaus Bartels, Hannover).

7. Tipps für Serviceberater

Grundsätzlich ist festzuhalten, dass die Checkangebote dazu dienen sollen, möglichst viele Fahrzeuge gemeinsam mit den Kunden in die Dialogannahme zu bekommen, wo der Serviceberater den Check durchführt. Ziel ist einerseits dem Kunden bestmögliche Sicherheit zu bieten und andererseits dem Autohaus die Chance zur Akquisition von Serviceaufträgen zu eröffnen. Wer die Checks als „Werkstattauftrag" eröffnet, liegt deshalb nicht richtig, genau wie bei einer Dialogannahme soll der Serviceberater diesen Check direkt durchführen. Erst wenn daraus eine Reparatur entsteht, ist ein Werkstattauftrag zu eröffnen.

4.3 _ Urlaubs-Sicherheitspaket

1. Produktbeschreibung

Für die Fahrt in den Urlaub mit dem eigenen Wagen (knapp 50 % aller Kfz-Halter verreisen mit dem eigenen Wagen) sind bestimmte Ausstattungen und Zubehörartikel für die Kunden nützlich, insbesondere ist das:

- Warnwesten (für alle Mitfahrer!)
- Seitenfenster, Rollo/Sonnenschutz
- Aufblasbares Nackenkissen
- Dachträger (Verleih?)
- Reservereifen OK?
- Erste-Hilfe-Box
- Reserveöl
- Lampenset (für ausgewählte Modelle)
- Reifenpannen-Set
- Bordwerkzeug OK?
- Abschleppseil/Stange

Dies ist eine kleine Auswahl. Sicher haben Sie weitere, ergänzende Ideen.

2. Zielgruppe

Alle Kunden, die mit dem eigenen Wagen in den Urlaub fahren, sind auf das Paket oder die Teile anzusprechen.

3. Ideale Angebotszeit

Jeweils vor der Urlaubszeit soll das Thema aktiviert werden. Ideal ist es in der Zeit des **Urlaubs-Checks** und vor den Winterferien.

4. Preisstrategie

Für die einzelnen Teile des Angebotspakets gibt es keine besonderen Preisstrategien.

5. Verkaufsförderung und Werbung am „Point of Sale" (POS)

Im Aktionszeitraum sollten die ausgewählten Produkte in der Dialogannahme ausgestellt sein. Die optische Präsenz muss die Argumentation des Serviceberaters unterstützen. Ideal wäre es, wenn Sie einen **„Urlaubsflyer"** für Ihr Haus entwickeln, mit dem Sie Ihren Kunden mitteilen, was Sie einerseits zur Reise empfehlen und was in den wichtigsten Urlaubsländern polizeilich für das Auto vorgeschrieben ist.

6. Werbeinstrumente

Es wird die Produktpräsentation am POS in den Wochen vor der Hauptreisezeit empfohlen. Wer zum Urlaubs-Check schriftlich einlädt, kann dem entsprechenden Mailing einen Flyer beilegen, indem die Urlaubsangebote speziell beworben werden.

7. Tipps für den Serviceberater

Grundsätzlich ist festzuhalten, dass das Angebot rund um die Urlaubsfahrt – begonnen beim Sicherheits-Check vor der Fahrt über diverse nützliche Helfer für die Fahrt bis hin zum Check mit der Wäsche nach dem Urlaub – zur Pflicht des Servicebetriebes gehören soll. Dass der Kunde problemfrei ans Ferienziel und zurück kommt, liegt in der Verantwortung des Service-Teams! Sie erinnern sich: Die Aufgabe ist, dafür zu sorgen, dass der Kunde bis zur nächsten Inspektion sicher, komfortabel, sparsam und sauber unterwegs sein kann!

In der Praxis ist es folgendermaßen zu organisieren: Im Dialogannahme-Check im Aktions- zeitraum, z. B. in der Sommerzeit, fragt der Serviceberater den Kunden, ob es denn wohl bald in den Urlaub geht. Falls dies bejaht wird kommt Frage Nummer 2: „Fahren Sie mit Ih- rem Wagen weg?" Wenn auch dies mit „Ja" beantwortet wird, dann ist der Serviceberater am Zug, um nun auf die notwendigen Kleinigkeiten hinzuweisen, die während der Reise eine Rolle spielen können. Die eigene **„Urlaubspaket-Checkliste"** ist quasi abzufragen, Fehlendes ist anzubieten und zu ergänzen.

8. Besonderer Tipp

Einige Kollegen betreiben ja einen regen **Zubehörverleih**, der Renner dabei sind diverse Dachgepäckträger. Das Prinzip ist recht einfach: Der Kunde kauft das Trägersystem und den gewünschten Aufsatz gibt es zum günstigen Mietpreis. Wer einen derartigen Service pflegt, hat natürlich über die Terminierung der gewünschten Tools eine sehr gute Chance auf die zusätzlichen Verkaufsmöglichkeiten.

Extra-Tipp für Ihre Kunden, die z. B. nach Österreich zum Winterurlaub reisen
Gemäß dem Motto: Es ist unsere Aufgabe als Serviceberater dafür zu sorgen, dass unsere Kunden sauber, sicher, komfortabel und günstig bis zur nächsten Inspektion unterwegs sind, dann ist es auch unsere Pflicht Kunden auf Besonderheiten bei der Urlaubsreise hin- zuweisen. Das Nachbarland Österreich verlangt einige Besonderheiten – und wir können daran verdienen. Hier ein Beispiel:

Winterreifenpflicht

Als sechste Nation in der Europäischen Union führt Österreich eine saisonale Winterreifenpflicht ein. Autofahrer müssen auf verschneiten und vereisten Fahrbahnen komplett Winterreifen an ihren Fahrzeugen oder Schneeketten an den Antriebsrädern montiert haben. Letztere sind als Alternative zum Winterreifen nur dann erlaubt, wenn die Straße vollständig von Schnee oder Eis bedeckt ist, der Fahrbahnbelag darf dabei nicht beschädigt werden. Zudem müssen die Winterreifen eine Profiltiefe von mindestens vier Millimetern aufweisen. Bei einfachen Verstößen wird ein Bußgeld von 35 € fällig, bei hoher Gefährdung drohen bis zu 5.000 € Strafe. Die Vorschrift gilt jeweils vom 1. November bis 15. April.

Kein Handy am Steuer

Wer im Auto beim Telefonieren ohne Freisprecheinrichtung erwischt wird, muss tiefer in die Tasche greifen: Das Bußgeld erhöht sich von 25 € auf 50 €.

4.4 _ Klimaanlagen-Check und Wartung

1. Produktbeschreibung

In regelmäßigen Abständen, teilweise vom Hersteller vorgegeben, sind die Klimaanlagen der Fahrzeuge auf deren Dichtigkeit zu überprüfen, ggf. ist die Kühlflüssigkeit auszutauschen.

2. Zielgruppe

Alle gespeicherten Kunden mit Fahrzeugen mit Klimaanlage.

3. Ideale Angebotszeit

Im Frühsommer oder Sommer ist die Wahrnehmung der Kunden besonders groß, hier ist eine entsprechende Bewerbung am wirksamsten. Ein Angebot gleichzeitig oder/und im Paket mit dem Urlaubs-Check ist sinnvoll. Die Stammkundendatei sollte nach Klima-Check, Datum ab 25. Monat seit letzter Überprüfung selektierbar sein.

4. Preisstrategie

Dieses Angebot ist unter dem Aspekt der Lockvogelstrategie nicht geeignet. Jeder Betrieb sollte das Angebot individuell kalkulieren:
a) Preis für Überprüfung der Anlage, Druckprüfung
b) Preis für die Neubefüllung – falls notwendig
c) „Fix & Fertig-Preis"

5. Verkaufsförderung und Werbung am „Point of Sale" (POS)

Die Plakatierung des Angebots in der Dialogannahme und Kundenzone ist zu empfehlen.

6. Werbeinstrumente

Sie sollten zu diesem Angebot Ihre Kunden speziell einladen, das am besten geeignete Direktwerbeinstrument ist das Mailing.

Herrn
Fritz Kunde
Marktplatz 1

88888 Musterdorf

Frischer Wind für Ihren Wagen

Sehr geehrter Herr Kunde,
Ihre Klimaanlage hat Ihnen schon lange Zeit wertvolle Dienste geleistet, sie dient nicht nur dem Komfort, sondern auch der Sicherheit: Ein kühler Kopf fährt einfach besser.

Damit das alles so komfortabel bleibt und richtig funktioniert, empfehlen wir, dass Sie mit Ihrem Wagen zu uns zur
Wartung der Klimaanlage
in die Werkstätte kommen, damit Sie auch in Zukunft mit Frische und Wohlgefühl verwöhnt werden.

Unsere komplette Klimaanlagen-Wartung für Sie:
- Kältemittel wird abgesaugt
- Feuchtigkeit wird aus dem System entfernt
- Sichtprüfung aller Bauteile
- Neubefüllen der Klimaanlage mit der vom Hersteller vorgegebenen Menge an Kältemitteln
- Überprüfung des Innenraumfilters
- Funktions- und Dichtigkeitsprüfung des gesamten Systems
- Alles OK für nur

69,90 €

Einen schnellen Termin für diese Wartung bekommen Sie bei Ihrer freundlichen Serviceassistentin Gabi Rot, Telefon: 01 23-45 67 89.

Mit freundlichen Grüßen

Vorname, Name, Autohaus NN

PS: Sie können auf die Fertigstellung Ihres Wagens bei uns gerne bei einer Tasse Kaffee warten. In 60 Min. ist alles wieder OK.

7. Tipps für Serviceberater

Im Rahmen der Dialogannahme sollte der Serviceberater generell versuchen, bei der Fahrt mit dem Kundenwagen vom Parkplatz zur Hebebühne, die Klimaanlage zu checken. Falls man typische Gerüche wahrnimmt, sollte man den Kunden sofort informieren:

„Ist Ihnen in letzter Zeit aufgefallen, dass die Klimaanlage unangenehme Gerüche produziert . . . ?"

In diesem Fall ist mit dem Kunden ein „Klima-Service" zu vereinbaren.

4.5 _ Mitnahmeöl

1. Produktbeschreibung

Motorenöl, passend zur Herstellervorschrift, in spezieller Mitnahmeölverpackung.

2. Zielgruppe

Bei Fahrzeugen, die für Ölverbrauch zwischen den Serviceintervallen bekannt sind, sollte den Kunden eine Dose Reserveöl zur Mitnahme empfohlen werden.

3. Ideale Angebotszeit

ganzjährig, Schwerpunkt Aktion Frühjahrs-, Urlaubs- und Winter-Check

4. Verkaufsförderung und Werbung am „Point of Sale" (POS)

Als verkaufsfördernde Unterstützung sollte man in die Dialogannahme einen **Ölverkaufsständer** platzieren. Diese Verkaufshilfe bekommt man in aller Regel vom Öllieferanten. Nur hier in der Dialogannahme kann dieser nützlich sein, nämlich dort, wo der Serviceberater gemeinsam mit dem Kunden den Fahrzeug-Check durchführt und beim **„Checkpunkt Kofferraum"** das Thema Öl anspricht. Hier in unmittelbarer Nähe ist das Mitnahmeöl richtig platziert. So kann der Serviceberater auch eine Dose aus dem Regal entnehmen und dem Kunden die Vorteile dazu erklären. Zur Unterstützung der Verkaufsarbeit ist es notwendig, dass die Preise deutlich ausgezeichnet sind und Informationsmaterial zum Motorenöl (Flyer) dort bereit liegt.

5. Preisstrategie

Der Preis ist heiß, besonders beim Öl! Einerseits besteht ein Preis für das Produkt im Rahmen des inspektionsbedingten Ölwechsels – dann kommt noch der Preis fürs Mitnahmeöl hinzu. Ein etwas geringerer Preis wäre für dieses Produkt angemessen, weil es ja sozusagen in „Selbstbedienung" genutzt wird. Viele Betriebe verlangen aber den gleichen Preis, der auch im Service verlangt wird. Als alternative Preismethode kann man den „Gutschein" ins Spiel bringen, d. h. den Servicekunden wird eine Gutschrift auf eine Dose Mitnahmeöl zugestanden, so bleibt der normale Verkaufspreis unangetastet, den Inspektionskunden wird aber mit der Gutschrift genüge getan und ein günstigerer Preis eingeräumt. Generell kann man sich am Preisniveau der Markentankstellen orientieren. Der Mitnahmeölpreis sollte die dort üblichen Preise nicht übertreffen.

↗ **Abb. 9** _ Verkaufsförderung für Mitnahmeöl-Gutschein aus dem *ServiceFlatrate©*-Programm der Autohaus-Marketing AG.

6. Werbeinstrumente

Eine spezielle Werbung ist für Mitnahmeöl nicht vorgesehen. Es ist ein Produkt, das vorzugsweise im Kundendialog direkt in der Dialogannahme verkauft wird.

7. Tipps für Serviceberater

- Verkaufsaktive Serviceberater prüfen beim **„Checkpunkt Motorinnenraum"** den Ölstand und ziehen im Beisein des Kunden den Peilstab. Vor der Inspektion kann es möglich sein, dass der Ölstand auf „Minimum" steht und so kann man argumentieren:
  „Lieber Kunde, das war schon knapp, aber wir machen jetzt mit der Inspektion auch den Ölwechsel. Ich empfehle Ihnen bei jedem dritten oder vierten Tanken den Ölstand zu prüfen."
  So hat man den Reserveölverkauf bestens vorbereitet, Teil zwei des Verkaufs erfolgt dann am **„Checkpunkt Kofferraum"**:
  „Lieber Kunde, Sie haben ja gesehen, das Öl war schon knapp. Ich empfehle Ihnen deshalb immer eine Reservedose mit dabei zu haben, im Falle des Falles haben Sie dann gleich das richtige Öl für Ihr Auto zur Hand."
  Natürlich gilt dieses Angebot auch für die Kunden, bei denen der Ölstand im Fahrzeug noch korrekt war, nur kann man sich in diesem Fall nicht auf die Fehlmenge beziehen. In diesem Fall sollte der Serviceberater den Kunden fragen, ob er seit dem letzten Ölwechsel Motorenöl nachfüllen musste. Bei „Ja" ist eine Mitnahme-Empfehlung angebracht. Bei „Nein" und korrekter Füllmenge ist ein Angebot für Reserveöl nicht zu empfehlen, es widerspräche dann dem „Kundennutzen-Prinzip".
- Besonders wichtig ist, dass man Besitzer von Fahrzeugen mit Rußpartikelfilter darauf aufmerksam macht, beim Nachfüllen von Öl auf die geeignete, vom Hersteller dafür frei gegebene Sorte zu achten oder besser: gleich hier mitnehmen.

„Um Verwechslungen zu vermeiden empfehle ich zu Ihrer Sicherheit, dass Sie eine Dose dieses Spezialöls mitnehmen, damit der Rußpartikelfilter an Ihrem Wagen keinen Schaden nimmt."

Ähnliches Vorgehen ist bei verschiedenen Modellen mit „long-life-Ölwechsel" zu empfehlen.

↗ **Abb. 10** _ Der umsatzstärkste Platz für das Mitnahmeöl ist in der Dialogannahme, also direkt am POS. Der Ölpräsenter sollte direkt in Kofferraumnähe aufgestellt werden.

8. Extra-Tipp zum Thema „Mitnahmeöl"

Das Thema „Motorenöl" sollte man in Gesamtheit aller Flüssigkeiten rund ums Auto betrachten. Bei der nachstehenden Musterrechnung – bitte erstellen Sie eine ähnliche Aufstellung für Ihr Haus mit Ihren individuellen Daten – wird ein Jahresbedarf an Flüssigkeiten je PKW von rund 14 Litern p. a. errechnet. Dieses **flüssige Gold** trägt zu einem erheblichen Teil des Serviceergebnisses bei, bitte multiplizieren Sie die Menge mit der Marge, die je Liter zu erzielen ist.

Flüssigkeitspotenzial PKW pro Jahr				
	Ø Füllung	Wechselintervall Ø		Bedarf p. a. Ø
		km	Monate	
Motor	5,0	20.000	12/24	5,0
Getriebe	1,0	60.000	nach Vorschrift	0,5
Automatik*	8,0	80.000	36	2,5*
Differenzial	0,7	40.000	24	0,5
Bremssystem	1,0	nach Vorschrift	24	0,5
Hydraulik-System	2,0	80.000	36	0,5
Kühlsystem	8,0	nach Vorschrift	36	2,5
Klimaanlage	1,0	120.000	24	0,5
	27,3 Ltr.			12,5 Ltr.
Absatzziel Flüssigkeiten p. a. = Durchgänge p. a. x 12,5 Ltr.				

* entsprechend dem Automatikanteil im Fuhrpark

Beispielrechnung
5.000 Durchgänge p. a. (davon 70 %)
= 3.500 Durchgänge mit Inspektionen
3.500 x 12,5 Ltr. Flüssigkeitsbedarf p. a.
= 43.750 Ltr. Flüssigkeiten
x Marge je Liter = XX €

Bitte ermitteln Sie auf diese Art und Weise Ihre Deckungsbeitragszielzahl und rufen Sie diese Menge als SOLL-Erwartung für Ihre Serviceberater aus.

In allen Autohäusern gilt es, das Thema „Öl" hoch zu halten. Professor Hannes Brachat empfahl in einem Seminar: **„Jeder Mechaniker möge sich vor Arbeitsbeginn vor dem Ölfass verbeugen!"** Mit dieser Metapher ist die Situation mehr als deutlich dargestellt! Wenn wir – als Spiel – einmal annehmen, dass es ab sofort keinen Ölwechsel mehr gäbe (schreckliche Vorstellung, nicht wahr?), dann würden die Bilanzen einer ganzen Reihe von

Autohäusern ordentlich wackeln! Unter Annahme einer durchschnittlichen Umsatzrendite, welche für die Branche im Jahr 2006 etwa 1 % Gewinn vor Steuern ausmachte und unter der weiteren Annahme eines Betriebes mit etwa 7,5 Millionen € Umsatz p. a., würden – je nach Öl-Marge – zwischen 50 % bis 75 % des Gewinns wegfallen, da dieser ausschließlich über das „Ersatzteil" Öl erwirtschaftet wurde. Diese Tatsache ist scheinbar vielen Mitarbeitern in den Serviceabteilungen noch gar nicht so bewusst! Würden sie sonst dieses Thema so links liegen lassen? Würden sie sonst mit den Kunden nicht über Öl reden oder den Ölstand vorsätzlich nicht prüfen? Oder würden sie im schlimmsten Fall, was in der Praxis regelmäßig anzutreffen ist, dem Kunden eher eine geringere, weil billigere Qualität empfehlen, statt eine bessere, leistungsfähigere und margenstärkere Sorte? Man kann nur jedem Serviceverantwortlichen empfehlen: Pflegen Sie das Thema „Öl", wo immer es geht. Machen Sie jedem Mitarbeiter klar, was Öl für das Gesamtgeschäft wert ist und stellen Sie sicher, dass alles getan wird, um den Ölverkauf zu fördern:

- Mitnahmeöl konsequent bei jedem Servicedurchgang anbieten.
- Bei jedem Auftrag ohne Inspektion den Ölstand prüfen, ggf. ergänzen.
- Kunden zum Thema „Öl" beraten, hochwertige Qualitäten anbieten. Nutzen Sie dazu die von allen Öllieferanten angebotenen Schulungsmaßnahmen, besondere Qualität hat dabei das „Vmax-Programm" von Shell.
- Setzen Sie für den Ölabsatz Zielzahlen je Serviceberater fest und kontrollieren Sie monatlich die SOLL-/IST-Absatzmengen.

Natürlich sind die Mitarbeiter in der Argumentation zu stützen, Training tut Not! Die Öle sind eines der profitabelsten Teile im Autohaus. Es gilt die momentanen Margen mit allen Mitteln zu pflegen. Jeder der auf Billigöl im Verkauf setzt, schadet nicht nur den anderen, sondern vor allen Dingen sich selbst. In der Preisstellung kann man sich gerne an die bei den Tankstellen in ähnlicher Qualität aufgerufenen Werte halten, damit hat man gegenüber den Kunden auch eine plausible Argumentation zur Hand.

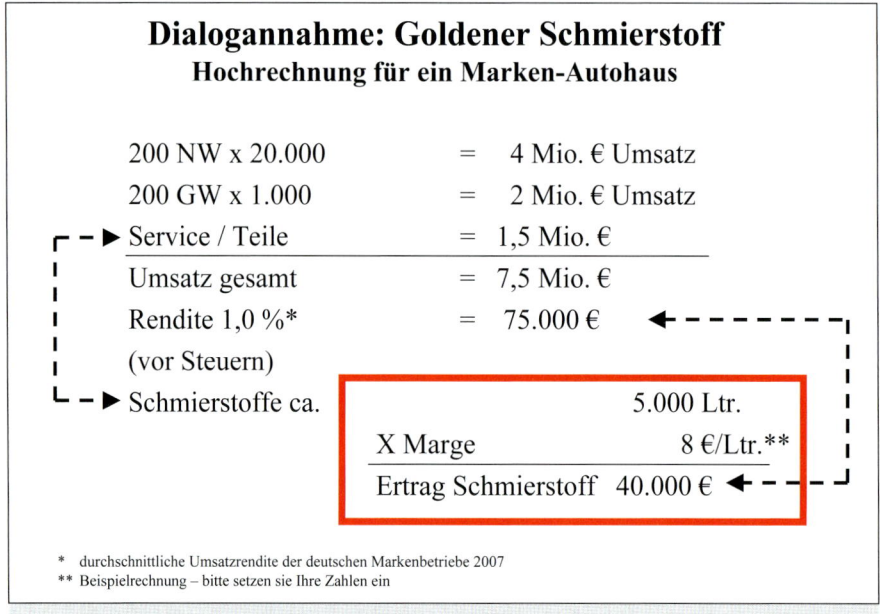

Dialogannahme: Goldener Schmierstoff
Hochrechnung für ein Marken-Autohaus

200 NW x 20.000	=	4 Mio. € Umsatz
200 GW x 1.000	=	2 Mio. € Umsatz
Service / Teile	=	1,5 Mio. €
Umsatz gesamt	=	7,5 Mio. €
Rendite 1,0 %*	=	75.000 €
(vor Steuern)		
Schmierstoffe ca.		5.000 Ltr.
X Marge		8 €/Ltr.**
Ertrag Schmierstoff		40.000 €

* durchschnittliche Umsatzrendite der deutschen Markenbetriebe 2007
** Beispielrechnung – bitte setzen sie Ihre Zahlen ein

↗ **Abb. 11** _ In vielen Autohäusern macht der Bruttoertrag aus dem Motorenöl bis zu 50 % und mehr der gesamten Umsatzrendite aus.

4.6 _ Austausch Verbandskasten

1. Produktbeschreibung

Nach Informationen der Automobilclubs und der Polizei wird der Autoverbandskasten oft vernachlässigt. Auch wird er bei kleineren Verletzungen in Haushalt und Freizeit geplündert und selten wieder aufgefüllt. Die Bord-Apotheke hat aber nur dann Sinn, wenn sie komplett ist und den gesetzlichen Vorschriften nach DIN 13164 entspricht. Bei regelmäßigen polizeilichen Kontrollen wird bei Verstoß gegen die Verordnung ein Bußgeld fällig.

2. Zielgruppe

Alle Kunden deren Fahrzeuge wir in der Werkstatt begrüßen dürfen, insbesondere die, die wir in der Dialogannahme checken. Dazu kommen die Neu- und Gebrauchtwagenauslieferungen.

3. Ideale Angebotszeit

ganzjährig

4. Preisstrategie

Man sollte sich in der Preisgestaltung an die marktüblichen Preise der Drogeriemärkte und Apotheken halten. Für Bord-Apotheken mit besonderer Passform gibt es Preisempfehlungen in den Zubehörangeboten der Hersteller/Importeure.

5. Verkaufsförderung und Werbung am „Point of Sale" (POS)

Die Verbandskästen sollten neben der Platzierung im Zubehörshop vor allen Dingen in der Dialogannahme präsentiert werden. Beim Fahrzeug-Check gemeinsam mit dem Kunden kann der Serviceberater so am **„Checkpunkt Kofferraum"** den Verbandskasten auf seine weitere Verwendbarkeit hin prüfen und ggf. sofort einen Ersatz anbieten.

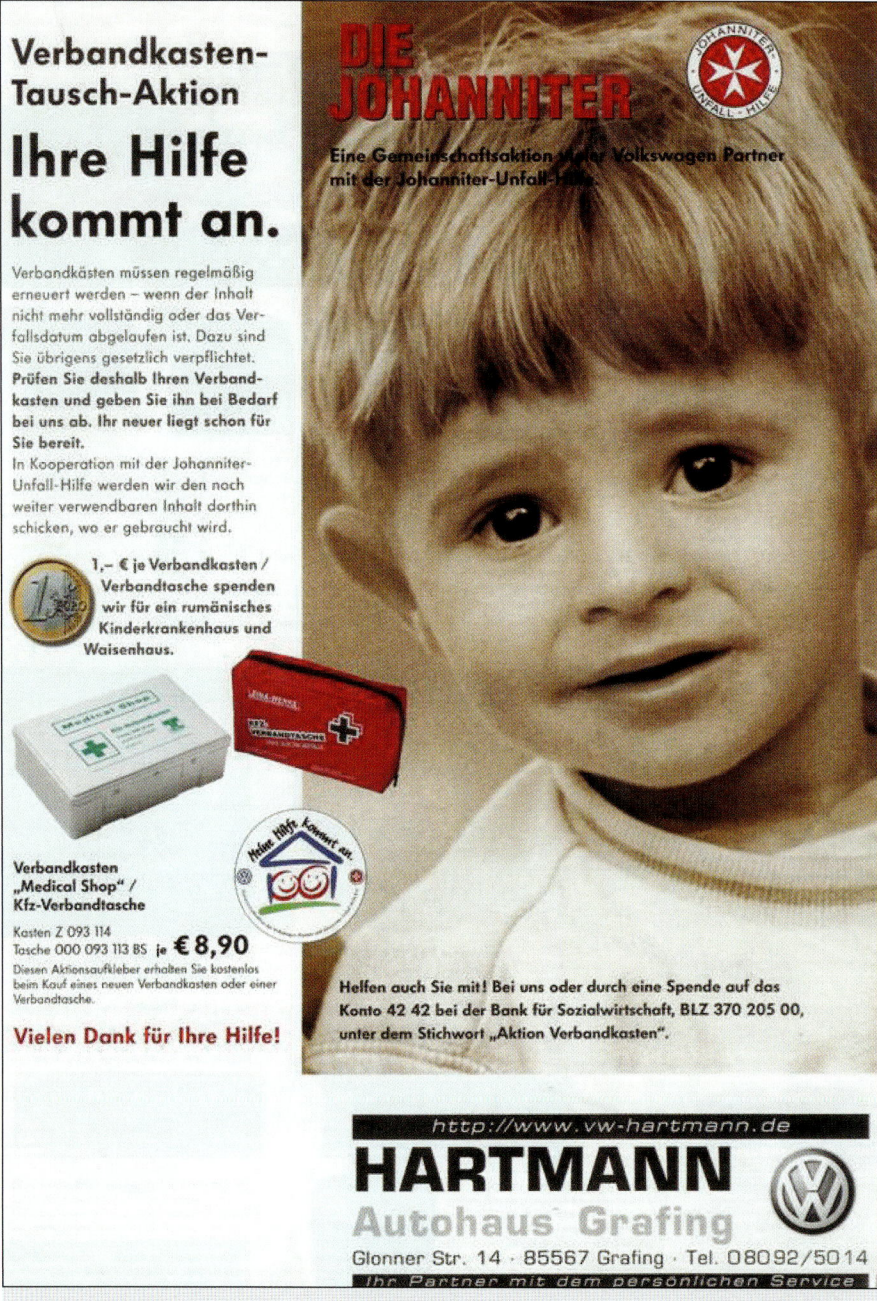

↗ **Abb. 12 _** Besonders aufmerksam ist diese Aktion, die das Unternehmen Hartmann zusammen mit dem Kfz-Gewerbe in Zusammenhang mit dem Verbandskastentausch durchführt.

6. Werbeinstrumente

Bei der Herausgabe von Kundenzeitungen oder Aktionsflyern sollte das Thema Verbands-kasten immer wieder mal Erwähnung finden. Bei speziellen Angebotsflyern können Ver-bandskästen inklusive Preisangabe beworben werden.

7. Tipps für Serviceberater

Die Serviceberater sollten im Rahmen des Dialogannahme-Checks generell bei Fahrzeugen, die älter als drei Jahre sind, den Verbandskasten überprüfen. Mit der einleitenden Frage: „Darf ich den Kofferraum öffnen (falls zutreffend), um zu prüfen, ob der Verbandskasten noch der vorgeschriebenen DIN-Norm entspricht?" eröffnet man sich auch noch weitere Chancen: Mitnahmeöl, Antirutschmatte bei herumliegenden Gepäckteilen, Kofferraum-schale bei Flüssigkeitsbehältern, Flaschen usw. die im Kofferraum liegen, Warndreieck, Abschleppseil usw. . . .

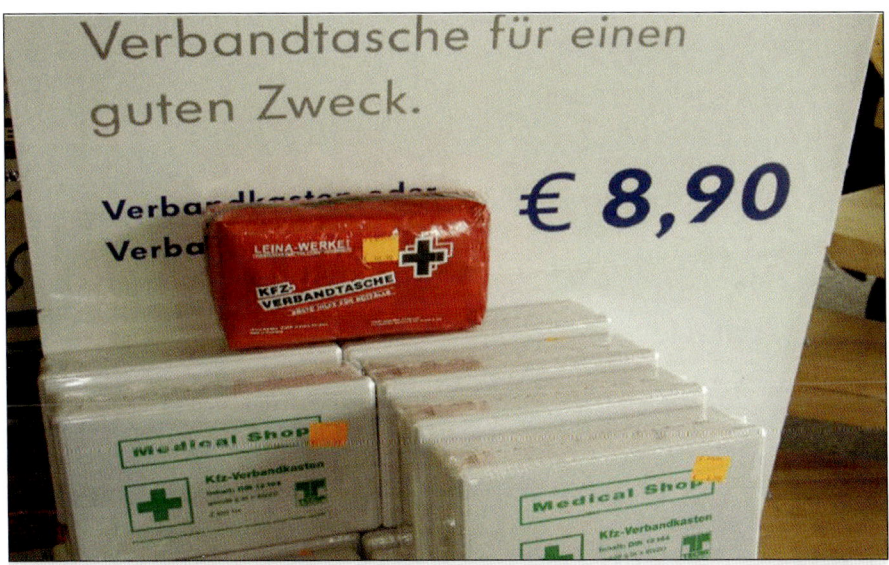

↗ **Abb. 13** _ Präsentation der Verbandskästen in der Dialogannahme

4.7 _ Angebote zur Fahrzeugreinigung, Aufbereitung, für Teppiche und Fußmatten

1. Produktbeschreibung

Wer hat nicht gerne ein außen und innen sauberes Auto, fast so wie neu gekauft? Der Bedarf ist vorhanden und obwohl in jedem Autohaus diese Arbeiten, manchmal auch durch externe Firmen, tagtäglich durchgeführt werden, sieht man nur in wenigen Fällen dieses Angebot im kompletten Leistungsverzeichnis für Kunden. Die **komplette Fahrzeugaufbereitung** gehört zum **Standardprogramm** eines Autohauses.

2. Zielgruppe

Alle Kunden mit Fahrzeugen bis vielleicht 150.000 km oder 6 bis 8 Jahre alt, die im Innenraum in einem schlechten optischen Zustand sind.

3. Ideale Angebotszeit

Ganzjährig, wobei man in der Zeit nach der Sommerurlaubsreise einen besonderen Akzent setzen kann (Aktion für unsere Kunden nach der Reise: Komplettreinigung zum Sonderpreis).

4. Preisstrategie

Normale Kalkulation, keine Niedrigpreise, eventuell eine Sonderaktion pro Jahr.

5. Verkaufsförderung und Werbung am „Point of Sale" (POS)

Der Erfolg des Produkts steht und fällt mit der Aktivität des Serviceberaters. Wird es in der Dialogannahme angeboten, kann man es auch gut verkaufen. In Verbindung mit neuen Teppichen/Fußmatten, die ebenfalls in der Dialogannahme ausgestellt werden und zur Demonstration auch schon mal in ein Auto eingelegt werden können, um zu zeigen welche tolle Wirkung diese haben, ist die Argumentation: „Damit (Innenreinigung plus neue Teppiche) sieht Ihr Auto innen fast wieder so wie neu aus", mit Sicherheit aus Kundensicht gut nachvollziehbar.

Als Verkaufsunterstützung kann man in der Dialogannahme entsprechende Plakate anbringen, auf denen gleich die Preise dargestellt sind, so dass der Serviceberater keine Preisgespräche führen muss.

6. Werbeinstrumente

Die Werbung erfolgt hier ausschließlich mit Plakat am POS.

7. Tipps für Serviceberater

Man muss dieses Thema mit viel Fingerspitzengefühl angehen. Einerseits kann es Kunden geben, welche die Reinigung gleich direkt ansprechen: „Oh je, wie mein Auto nur aussieht . . .", darauf kann man sofort das Angebot einbringen und auf die Aufbereitungsmöglichkeit hinweisen. Andererseits gibt es Kunden, die den Innenraum Ihres Wagens als Privatsphäre betrachten und eine Einmischung von außen und jede damit verbundene Unterstellung ablehnen. Hier ist zu empfehlen, mit der Fragetechnik an den Kunden ran zu gehen: „Ja, mit der Zeit kann man Gebrauchsspuren im Auto einfach

↗ **Abb. 14** _ Unterstützen Sie das Angebot für die Fahrzeugreinigung mit einem Plakat in der Dialogannahme.

nicht verhindern und sehen Sie hier (Fingerzeig auf aufgerollte alte Teppiche oder auf Verschleißspuren am Gaspedal), da könnte sich der Teppich sogar hinter das Pedal schieben und eine gefährliche Situation heraufbeschwören". Nun bleibt abzuwarten, was der Kunde dazu erwidert. Gibt er sich bedenklich kann man anbieten, die Teppiche auszutauschen und man kann ihm auch das Innenreinigungsangebot nahe legen. Wenn ein Kunde aber keine neuen Teppiche haben möchte, dann scheint das Komplettangebot vermutlich auch auf keinen fruchtbaren Boden zu fallen. Wie gesagt: **Fingerspitzengefühl ist angesagt.** Aber schon durch den Plakataushang in der Dialogannahme kann man den einen oder anderen Kunden aus der Reserve locken, so dass man mit dem Thema vielleicht von der Kundenseite her ins Gespräch kommt.

4.8 _ Nachrüstung von Gasanlagen

1. Produktbeschreibung

Die Nachrüstung von Gasanlagen in Benzin-Pkw ist ein Geschäft, das von A.T.U als zukunftsträchtig eingeschätzt wird und das dort schon jetzt für Wachstum sorgt. Viele Autohäuser schweigen zu diesem Thema. Warum? Und warum ist A.T.U hier der Branche schon wieder einmal eine Nasenlänge voraus?

Dass es funktioniert, der möge mal diesem Link folgen: www.klaibergibtgas.de – dieser schwäbische Händler hat in einem Jahr 300 Gasumrüstungen erledigt – à 2.000 €, eine ordentliche Serviceumsatzsteigerung!

Mit zunehmenden Kraftstoffpreisen wird Gas im Auto immer wichtiger. Die Hersteller versprechen eine Amortisation der Einbaukosten bei 15.000 km Jahresfahrleistung innerhalb von drei Jahren. Und beim Wiederverkauf wird das Auto entsprechend gesucht sein. Ein tolles Serviceprodukt, mit dem man einen hohen Kundennutzen bieten kann.

2. Zielgruppe

Alle Fahrzeuge mit Benzinmotoren, jüngeren Baujahres und mit höherer Jahreskilometerleistung ab 15.000 bis 20.000 km.

3. Ideale Angebotszeit

Dieses Angebot kann ganzjährig wirken. Besonders interessant sind **Aktionswochen** zum Jahresende hin, um damit Aufträge für die übliche „saure Service-Gurkenzeit" Anfang des Jahres zu bekommen und fehlende AWs auszugleichen.

4. Preisstrategie

Für diese Leistung gilt die Standard-Kalkulation. Das Produkt soll als **„Fix & Fertig-Preis"** im Paket angeboten werden. In einem **Info-Flyer** kann man für einige Typen Musterkalkulationen anfertigen, in der Werbung kann man die günstigste Lösung in einem **„Ab-Preis"** darstellen.

5. Verkaufsförderung und Werbung am „Point-of-Sale" (POS)

Die Anbieter von Gasanlagen verfügen gemeinsam mit den Versorgern über umfangreiches Informationsmaterial, das man auf alle Fälle einsetzen soll. Über diese Links:

www.amortisationsrechner.de

www.gas-net.de

www.gibgas.de

www.erdgasfahrzeuge.de

erfährt man schnell mehr.

6. Werbeinstrumente

Neben den direkten Werbemaßnahmen sollte man das Thema in allen Veröffentlichungen des Hauses, wie z. B. Kundenzeitungen, Flyern etc. ansprechen, ebenfalls empfehlens-wert ist eine Kommunikationsform, die von Autohäusern relativ selten genutzt wird, die PR-Veröffentlichung. Gehen Sie mit diesem Thema und der Überschrift **„Umweltschutz, CO2-Ausstoß und Kraftstoffkosten"** zu Ihrer Zeitung und machen Sie daraus eine schöne Geschichte. Eine zusätzliche Anzeige kann nicht schaden.

Vor allen Dingen sollten Sie aber Ihre Kunden nach folgender Selektion anschreiben:
* nach Benzin-Modell
* relativ junges Fahrzeug bis 36 Monate nach Erstzulassung

Im ersten Schritt sollten Sie einen Werbebrief losschicken – idealerweise in einer mehr-stufigen Aktion, d. h. mit nachfolgendem Anruf Ihres Telefonmarketers, welche die ange-schriebenen Kunden nochmals kontaktiert, um das Interesse herauszufiltern.

Dieses Thema können Sie auch weiter publik machen, z. B. mit einem **Informationstag „Kraftstoff sparen, Umwelt schützen"**, den Sie an einem Samstag unter diesem Motto abhalten können. Dabei können Sie alle Produkte vorstellen, die zum Thema passen, u. a. eben die Gasnachrüstung.

MUSTER

Herrn
Fritz Kunde
Marktplatz 1

88888 Musterdorf

Tanken Sie jetzt zum halben Preis –
und schonen Sie gleichzeitig die Umwelt

Sehr geehrter Herr Kunde,
die **Kraftstoffkosten zu halbieren ist** keine Hexerei! Mit der **Nachrüstung einer Autogasanlage** für Ihren Wagen haben Sie eine zusätzliche Kraftstoffvariante zur Hand, mit der Sie tatsächlich **viel Geld einsparen** können.

Schon ab etwa 50.000 km Gesamtfahrleistung amortisiert sich diese Anlage, die zudem den **Wiederverkaufswert Ihres Wagens** steigert.

Wie diese Autogasanlage funktioniert, können Sie in **beiliegender Broschüre** nachlesen, zusätzlich informieren wir Sie gerne unter der Telefon-Nummer (01 23) 45 67 oder Sie kommen bei uns im Autohaus vorbei und lassen sich persönlich die Vorteile aufzeigen.

Nutzen Sie jetzt diese Chance und trotzen Sie den steigenden Benzinpreisen.

Mit freundlichen Grüßen

Vorname, Name, Autohaus NN

PS: Wie Sie 50 % billiger tanken können, lesen Sie in der beiliegenden Broschüre.

Der nachfolgende Telefonkontakt – sofern möglich – wird Ihre Werbung positiv unterstützen:

Telefonskript (Auszug): Nacharbeit Mailing – Thema: Autogas-Nachrüstung
Ziel des Anrufes Kundeninteresse herausfiltern, interessierte Kunden der nächsten Bearbeitungsstufe zuführen = Information durch Teile- und Zubehörverkäufer

Gesprächsdurchführung
„Guten Tag, hier ist Sabine Sauer vom Autohaus Felix Braun, spreche ich mit _____?
Ich rufe Sie im Auftrag Ihres Serviceberaters, Franz Rot, an. Er hat Ihnen vor einigen Tagen eine Information zum Thema ‚Kraftstoffsparen durch Autogas' zukommen lassen, haben Sie diese erhalten?"
 	
    Nein ➔ Nochmals zusenden, Folgeanruf ankündigen
    Ja ➔ „Sind Sie grundsätzlich daran interessiert, dass Sie bis zu 50 % der Benzin-kosten sparen können?"
 	
        Ja ➔ „Das können Sie dadurch erreichen, wenn Sie in unserem Hause die Auto-gasanlage in Ihrem Wagen nachrüsten lassen. Dazu gibt es noch einige Informa-tionen auch darüber, was es kostet und welche finanziellen Vorteile Sie davon haben. Darf Sie dazu unser Spezialist für Autogas, Peter Grün, in den nächsten Tagen anrufen?"
 	
            Nein ➔ Fragen, ob noch zusätzliche Informationen per Post gewünscht sind
            Ja ➔ „Gerne, wann sind Sie am besten erreichbar?"

CHECKLISTE

7. Tipps für Serviceberater

Unabhängig der Werbeaktionen sollte jeder Serviceverkäufer die Chance im Direktverkauf
anlässlich der Dialogannahme nutzen, um das Thema nach vorne zu bringen. Es sind alle
Kunden gemäß der Selektion wie unter 2. anzusprechen: **„Lieber Kunde, haben Sie schon
mal an die Nachrüstung einer Gasanlage gedacht, damit tanken Sie zum halben Preis?"**
Diese Frage sollte zum Standard bei Kundengesprächen anlässlich der Dialogannahme ge-
hören. Wer dies unterlässt, handelt fahrlässig – warum? Weil der Nutzen für viel fahrende
Kunden einfach groß ist – vielleicht so groß, dass der Kunde ein Angebot eines anderen
Unternehmens wahrnimmt, das für diese Leistung wirbt.

! **Noch ein Tipp: Natürlich können die Serviceberater keine langen Informations- oder
Verkaufsgespräche führen, dazu fehlt in aller Regel die Zeit. Aber man kann das Thema
ansprechen und wenn der Kunde Interesse zeigt, dann sollte er zur detaillierten Information an den Kollegen Teile- und Zubehörverkäufer weitergereicht werden. Dieser
kann dann dem Kunden alle notwendigen Informationen entweder sofort oder aber
bei Fahrzeugabholung geben.**

4.9 _ Nachrüstung Standheizung

1. Produktbeschreibung

Viele Kunden, die in ihrem Auto eine Standheizung nachrüsten ließen, wollen nie wieder auf dieses Komfortzubehör verzichten. Der Nutzen dieses Produkts ist am besten mit diesem Slogan umschrieben: „**Nie wieder Eiskratzen**, im wohlig vorgewärmten Auto einfach wegfahren."

2. Zielgruppe

Fahrzeuge im Segment I – **ohne Garagenplatz**. Besonders interessant ist es für Kunden mit Fahrzeugen, bei denen der Einbau bereits vorbereitet ist.

3. Ideale Angebotszeit

Die ideale Angebotszeit wäre eigentlich im Sommer. Nur, so wie es bei den Winterreifen ebenfalls feststellbar ist, sind die Kunden häufig erst dann ansprechbar, wenn die ersten Schneeflocken fallen. Deshalb wirken die Argumente pro Standheizung erst dann richtig, wenn sich die Kunden am frühen Morgen beim Eiskratzen die Finger halb erfroren haben.

4. Preisstrategie

Es gibt dazu keine besonderen Preismaßnahmen. Das Angebot muss als **Paketpreis** kalkuliert sein.

5. Verkaufsförderung und Werbung am „Point of Sale" (POS)

In der Wintersaison sollte mit einem Plakat in der Dialogannahme und in der Kundenzone für die Standheizung geworben werden. Die Lieferanten der Systeme stellen Werbematerial zur Verfügung. Die besonderen Vorteile einer Standheizung im Auto sollten in allen Veröffentlichungen wie z. B. in Kundenzeitungen entsprechend beschrieben werden. Mit einer **Mailingaktion** zu Winterbeginn kann man das Interesse der Kunden für das Produkt wecken.

Frau
Rosa Kunde
Marktplatz 1

88888 Musterdorf

Nie wieder Eiskratzen! Fahren Sie im wohlig warmen Auto einfach weg

Sehr geehrte Frau Kunde,
können Sie es sich vorstellen auch nach der kältesten Winternacht **ohne mühevolles Eiskratzen** mit Ihrem Auto einfach wegzufahren? Ohne Mantel, mit freier Rundumsicht bei **angenehmen Innentemperaturen** starten Sie in den Tag.

Dies wird durch den Einbau einer Standheizung Realität, die in Ihrem Fahrzeug mit wenig Aufwand möglich ist, Sie können ab sofort Eis und Kälte trotzen und auch **sehr viel an Sicherheit gewinnen.**

Gerne beraten wir Sie ausführlich, welche Möglichkeiten es speziell für **Ihr Auto** gibt und was es kostet. Rufen Sie bitte unseren Spezialisten für Standheizungen, Hans Weiß, an, Telefon: 01 23-45 67, er kann alle Ihre Fragen sofort beantworten und mit ihm können Sie auch sofort einen Einbautermin vereinbaren, so dass **„klamme Finger am Morgen"** der Vergangenheit angehören. Gönnen Sie sich dieses **Sicherheitszubehör.**

Mit freundlichen Grüßen

Vorname, Name, Autohaus NN

PS: Schon morgens können Sie **nach kalter Nacht ins wohllg warme Auto einsteigen,** ohne mühevolles Eiskratzen.

6. Werbeinstrumente

Während besonders strenger Winterperioden und bei Kältewellen kann eine Anzeige in der Zeitung Ihre Verkaufsbemühungen unterstützen – vorausgesetzt Sie bieten den Einbau überfabrikatlich an – sonst wären die Streuverluste zu groß. Ebenfalls sollten Sie versuchen für Ihr Haus einen PR-Beitrag in Ihrer Zeitung zu bekommen.

7. Tipps für Serviceberater

Wenn man seine Kunden aufmerksam beobachtet und beim Gespräch in der Dialogannahme sensibel zuhört, bekommt man sicher die Gelegenheit mit folgender Frage das Interesse des Kunden auf das Produkt zu lenken: „Haben Sie schon mal darüber nachgedacht, welchen Komfort Sie mit einer Standheizung hätten? Da müssen Sie nie wieder Eiskratzen!"

! Die Verkaufsgesprächsstrategie ist wie bei der Gasnachrüstung aufzubauen: Der Serviceverkäufer weckt Interesse, wenn der Kunde positiv reagiert, dann wird die Detailinformation auf den Teile- und Zubehörverkäufer verlagert.

4.10 _ Navigationssoftware – Update

1. Produktbeschreibung

In vielen Fahrzeugen ist die Software in den Navigationsgeräten nicht mehr up to date, die Fahrer haben teilweise Probleme in Neubaugebieten die Adresse zu finden oder aber verlieren auf neu erbauten Straßen die Orientierung. Damit alles wieder „auf den Meter genau" funktioniert ist ein Update der Software bzw. der Austausch der CDs notwendig.

2. Zielgruppe

Alle Vielfahrer mit fest eingebauten Navigationsgeräten. Die Zielgruppe ist teilweise über die Stammdateien, Selektion Ausstattung, festzustellen.

3. Ideale Angebotszeit

ganzjährig – eine Sonderaktion kann vor der Urlaubszeit gestartet werden

4. Preisstrategie

Preise gemäß üblicher Kalkulation. Für den Service- oder Teile- und Zubehörverkäufer ist es wichtig, dass man im Preisgespräch die „Salami-Strategie" anwendet, dazu ein Beispiel:

„Lieber Kunde, angenommen, man nutzt die neue Software ab jetzt für die nächsten drei Jahre, so hat man zum Tagespreis von etwa nur 20 Cent wieder den Komfort der metergenauen Zielführung."

(Bei Annahme, dass die Software 200,– € kostet und eine dreijährige Nutzung vorausgesetzt werden kann. Für Vielfahrer ist diese Ausgabe mehr als gerechtfertigt.)

5. Verkaufsförderung und Werbung am „Point of Sale" (POS)

Die Software sollte in der Dialogannahme präsentiert werden. Dort werden auch die Kunden auf das Update angesprochen.

6. Werbeinstrumente

Eine Mailingaktion an die selektierte Zielgruppe (siehe Muster auf S. 148) ist zu empfehlen.

MUSTER

Herrn
Fritz Kunde
Marktplatz 1

88888 Musterdorf

Führt Sie Ihr Navigationsgerät immer noch metergenau zum Ziel?

Sehr geehrter Herr Kunde,
im Laufe der Zeit werden neue Straßen getauft, Adressen ändern sich, neue Hotels werden gebaut und alte geschlossen. Dies beeinträchtigt zunehmend die Genauigkeit der **Navi-Software**, so wie Sie es gewohnt sind.

Aus diesem Grund wird die Software regelmäßig überarbeitet und mit **dem neuesten Stand** ausgestattet, so dass es bei der Zielführung keine Probleme gibt.

Für Ihr Navigationssystem liegen bei uns die **neuesten CDs** vor, mit denen Sie **komfortabel zum gewünschten Ziel geführt werden,** dazu gibt es zusätzliche Sonderziele, mit denen Sie noch genauer und umfassender informiert werden.

Georg Braun, Ihr Fachberater für nützliches Zubehör in unserem Hause, wird Sie gerne im Detail informieren, Sie erreichen ihn unter der Telefon-Nummer: 01 23-45 67 89.

Mit freundlichen Grüßen

Vorname, Name, Autohaus NN

PS: **Mit der neuesten Navigations-CD** finden Sie wieder ohne Unterbrechung Ihr Ziel.

7. Tipps für Serviceverkäufer

Für den Serviceverkäufer ist der Blick auf das Navigationssystem obligatorisch. Eine offene Frage an den Kunden: „Ist Ihr Navi noch up to date? Findet es noch alle Straßen?" bringt die Information, die für einen Zusatzverkauf notwendig ist.

5 _ Machen Sie Ihre Serviceberater für den Serviceumsatz verantwortlich!

Viele Serviceberater erledigen tagtäglich ihren Job ohne die Leistung zu kennen, die sie vollbracht haben. Jeder weiß, dass Menschen Ziele brauchen, um daraus ihre Motivation abzuleiten. Man stelle sich einen Hochspringer vor, der ohne die „Messlatte" seinen Sport ausübt und so nie weiß, wie hoch er tatsächlich gesprungen ist! Welt- oder Kreisklasse? Oder: Es spielt eine Fußballmannschaft, ohne dass sie jemals das Ergebnis erfährt und am Jahresende kommt der Trainer (Chef!) und erklärt wie miserabel man gespielt hat. Absurd? Nein, Tatsache. Es gibt in unserer Branche sehr viele Serviceberater, die das von ihnen erwirtschaftete Ergebnis (Umsatz, Bruttoertrag, DB III) nicht kennen, für die Zielerarbeitung und SOLL/IST-Vergleich ein Fremdwort ist. Man kann also nur fordern, die Serviceberater – die ja nichts anderes als Verkäufer der Serviceabteilung sind – den Automobilverkäufern gleichzustellen, die wissen nämlich zu jeder Stunde, was an Verkaufszahlen gefordert wird und wo man gerade steht. Der ständige SOLL/IST-Vergleich ist ein wichtiger **Motivationsbaustein**, blicken wir kurz auf das eingangs erwähnte Beispiel des Hochspringers zurück, die Höhe der Messlatte ist das Ziel und fördert die tatsächliche Leistung. Ohne dieses Ziel springt man halt! Mehr oder weniger hoch!

Jeder Serviceberater soll in die **Zielfindung** eingebunden werden. Wie viele AWs sind im Jahr zu verkaufen? Wie hoch muss der Teileumsatz sein? Mit welchen Produkten und Dienstleistungen kann man den Umsatz und Ertrag steigern? Welche Hilfestellungen braucht man zur Zielerreichung? Gemeinsame Zielfindung statt Umsatzvorgabe, die dann natürlich abgelehnt wird und als Führungsinstrument nicht mehr tauglich ist. Wer für die Werkstattauslastung und dem betriebswirtschaftlichen Ergebnis aus dem Servicegeschäft verantwortlich ist, sollte bei diesem Thema sehr sorgfältig vorgehen. Hier kurz die grundsätzlichen Überlegungen, die man zur Zielsetzung heranziehen muss:

1. Anzahl der Produktivkräfte in der Werkstatt inklusive der Lehrlinge, unterteilt nach Lehrjahren
2. Anzahl der zu leistenden Produktivstunden unter Anrechnung der tatsächlichen Anwesenheitstage
3. Ermittlung des gewichteten Stundenverrechnungssatzes
4. Festsetzung des Teileumsatzfaktors im Verhältnis zum Stundenverrechnungssatz

Mit diesen Parametern kann man bereits eine saubere Zielvorgabe aufs Papier bekommen, hier die einzelnen Schritte dazu:

5.1 _ Die Produktivkräfte

Die Zahl der beschäftigten Produktivkräfte ist realistisch festzustellen, das heißt die tatsächlich mögliche Produktivität muss ermittelt werden. Gibt es Kräfte, die eine Standardleistung nicht erreichen können? Das trifft manchmal für einen Mechatroniker zu, der häufig intern (oder auch extern, sofern es angeschlossene Zweigbetriebe gibt) Hilfestellung für andere Kollegen gibt und so keine 100 %-ige Leistung abliefern kann. Oder gibt es „Meister" − also Werkstattleiter − die teilweise zusätzlich noch regelmäßig produktiv tätig sind? Dazu kommen die Lehrlinge, die häufig in der Leistungserbringung nicht gesondert erfasst sind (und so den Leistungsgrad verfälschen!). Es ist wichtig, dass man die Lehrlinge von Anfang an mit Zielen führt, auch für sie gilt das gleiche Prinzip: **Ziele zu erreichen fördert die Motivation** und für die Werkstattleitung ist es von Vorteil den tatsächlichen Leistungsgrad je Monteur erfassen zu können.

Generelle Produktivitäts-Planungsdaten für die Werkstätte				
	36 Std.-Woche	**38 Std.-Woche**	**40 Std.-Woche**	**42 Std.-Woche**
Gesamtzeit (52 Wochen)	**365 Tage**			
./. Samstag + Sonntag (52 Wochen)	**104 Tage**			
./. Urlaub	**30 Tage**			
./. Feiertage*	**11 Tage**			
./. Ø Kranktage	**11 Tage**	dto.		
= Gesamtarbeitszeit	**209 Tage**	**209 Tage**	**209 Tage**	**209 Tage**
Tagesleistung	á 7,2 Std.	á 7,6 Std.	á 8 Std.	á 8,4 Std.
∑ per anno in Stunden	1.505 Std.	1.588 Std.	1.672 Std.	1.756 Std.
./. Weiterbildung / Schulung (4 Tage)	28,8 Std.	30,4 Std.	32 Std.	33,6 Std.
= nutzbare Zeit	1.1476 Std.	1.558 Std.	1.640 Std.	1.722 Std.
./. Rüst-/Verteilzeiten (6 %)	89 Std.	94 Std.	98,4 Std.	103 Std.
= einsetzbare Kapazität	1.387 Std.	1.464 Std.	1.542 Std.	1.619 Std.
Produktivität 90 %	**1.248 Std.**	**1.317 Std.**	**1.387 Std.**	**1.457 Std.**
X Ø Std.-Verrechnungssatz 65 €/LE	81.120 €	85.605 €	90.155 €	94.705€
70 % BE	56.784 €	59.923€	63.108 €	66.293 €
+ 30 % BE aus Teilen in EUR	24.336 €	25.731€	27.046€	28.411 €
Wertschöpfung pro Mechaniker	**81.120€**	**85.604 €**	**90.154 €**	**94.704 €**

Quelle: Prof. Hannes Brachat

↗ **Abb. 1** _ Die Wertschöpfung je Mechaniker ist von der Wochenarbeitszeit abhängig.

Eine übliche Einteilung der Lehrlingsproduktivität kann beispielsweise so ermittelt werden:

1. Lehrjahr − 0 % Produktivleistung
2. Lehrjahr − 20 % Produktivleistung
3. Lehrjahr − 40 % Produktivleistung
4. Lehrjahr − 60 % Produktivleistung

Hier ein **Beispiel** aus der Praxis:

Ein Betrieb hat sechs Monteure, davon ist einer nur mit 50 %iger Produktivität einzuplanen. Dazu kommt ein Werkstattmeister von dem 25 % produktives Arbeiten gefordert wird. Die Werkstatt bildet vier Lehrlinge aus, davon ist einer im ersten Lehrjahr, zwei im zweiten Lehrjahr und einer im vierten Lehrjahr, hier die Ermittlung des Produktiv-Solls:

Produktivitäts-Planung: Beispiel 40-Stunden-Woche					
5 Monteure	100 %	produktiv	=	1.387 Std. p. a.	6.935 Std.
1 Monteur	50 %	produktiv	=	693 Std. p. a.	693 Std.
1 Meister	25 %	produktiv	=	347 Std. p. a.	347 Std.
1 Lehrling 1. Lj.	0 %	produktiv	=	0 Std. p. a.	0 Std.
2 Lehrlinge 2. Lj.	20 %	produktiv	=	277 Std. p. a.	555 Std.
1 Lehrling 4. Lj.	60 %	produktiv	=	832 Std. p. a.	832 Std.
Gesamtleistung					**9.362 Std.**

Der gewichtete Stundenverrechnungssatz

Der gewichtete Stundenverrechnungssatz unterscheidet sich vom durchschnittlichen insofern, als dass man die Verkaufsmenge je Verrechnungsart gemeinsam am Gesamtumsatz relativiert. Hier die Fortsetzung der Beispielrechnung:

Verrechnungsart	Preis	% Anteil am Auftragsvolumen	Summe
externer V.-Satz I	60,- €	50 %	30,- €
externer V.-Satz II	72,- €	10 %	7,20 €
Garantie V.-Satz	50,- €	20 %	10,- €
interner V.-Satz	50,- €	20 %	10,- €
gewichteter Verrechnungssatz			Σ **57,20 €**

Plan Jahresumsatz	
Gesamt-Produktivstunden	9.362
gewichteter Std.-V.-Satz	X 57,2
notwendiger Gesamtumsatz p. a.	**535.506 €**
pro Monat	**44.625,- €**

5.2 _ Die Teileumsatzplanung

Diese Planung bedarf einer sorgfältigen internen Analyse. Ausgangspunkt dazu ist der Serviceumsatz der vergangenen Periode in Relation zum Teileumsatz. Unter Annahme, dass folgende Werte zutreffen:

Beispiel Jahres-Serviceumsatz (Lohnverrechnung)   500.000 €
Beispiel Jahres-Teileumsatz (werkstattverbaute Teile)   600.000 €

So ergibt sich daraus ein Verhältnis Lohn zu Teile von 1 zu 1,2, das heißt pro einem Euro Lohn werden 1,20 Euro Teile verkauft. Der externe Umsatz über die Theke wird dabei nicht erfasst, man will ja eine werkstattrelevante Kennzahl ermitteln. Der Teilefaktor ist also leicht zu ermitteln, bedarf aber stets einer internen genauen Betrachtung, folgende Punkte sind zu beachten:

1. Falls Teileaufschläge angewendet werden, müssen diese neutralisiert werden, sie würden das Ergebnis verfälschen.
2. Falls Ihr durchschnittlicher Stundenverrechnungssatz vom deutschen Mittelwert abweicht, der zurzeit bei etwa 65,- € liegt, müssen Sie dies in Ihrer Rechnung ebenfalls berücksichtigen. Falls Sie in Hamburg 85,- € verrechnen, so bedeutet dies nicht gleichzeitig, dass Sie einen generellen Teileaufschlag von 40 % nehmen können, so dass Sie zum Beispiel ein Lohn/Teileverhältnis von eins zu eins hätten. Andererseits ist es so, dass Betriebe speziell in Ostdeutschland mit 40,- € Stundensatz auskommen müssen und deshalb die Teile nicht ebenfalls um 40 % im Preis senken.

Unter dieser Betrachtung hätte der Hamburger Betrieb ein Verhältnis Lohn zu Teile von etwa 1 zu 0,7 (was oberflächlich betrachtet vom jeweiligen Umsatzanteil her gesehen miserabel wäre), während der ostdeutsche Betrieb ein Verhältnis von 1 zu 1,6 herbeizaubern würde, was wiederum für den Durchschnitt aller Werkstattbetriebe unerreichbar ist. Andere Betriebe wiederum, die mit Nischenmarken arbeiten, haben häufig höhere Teilepreise, weil hier weniger Wettbewerb herrscht und man sich in diesem Bereich nicht unbedingt mit hohen Rabatten gegen A.T.U und Co wehren muss. Man muss es also wie so häufig sehr differenziert betrachten. Im Allgemeinen kann man aber festhalten, dass unter Anrechnung durchschnittlicher Werte ein Verhältnis von Lohn zu Teile im Bereich eins zu 1,0 bis 1,2 erreicht werden sollte. Auf dieser Basis kann dann der Teileumsatz geplant werden. Für unseren Beispielbetrieb bedeutet dies:

Planumsatz Löhne	535.506 €
Teilefaktor	1 zu 1,1
Planumsatz Teile	589.056 €
Planumsatz Aftersales	1.124.562 €

Ziel Lohnumsatz	
pro Jahr	535.506 €
pro Monat	44.625 €
pro Woche	10.298 €
pro Tag	2.060 €

Ziel Teileumsatz	
pro Jahr	589.056 €
pro Monat	49.088 €
pro Woche	11.328 €
pro Tag	2.265 €

Ziel Aftersales-Umsatz Lohn/Teile	
pro Jahr	1.124.562 €
pro Monat	93.713 €
pro Woche	21.626 €
pro Tag	4.325 €

5.3 _ Zielzahlen als Führungsinstrument

Nachdem die Zielzahlen, die sich eher automatisch aus der Anzahl der Produktivkräfte ergeben – verbunden mit dem dazugehörigen Teilegeschäft –, festgestellt wurden, ist ein System zu erarbeiten, mit denen die Serviceberater tagtäglich über den SOLL/IST-Verlauf informiert werden und so innerhalb kurzer Perioden feststellen können, ob man auf Ziel, darüber oder darunter liegt. Die Serviceleitung sollte diese Ergebnisse genau so in kurzen täglichen Besprechungen mit den Beteiligten diskutieren, wie es im Handelsgeschäft üblich ist. Welcher Verkaufsleiter würde auf seine kurzen täglichen Besprechungen mit den Verkäufern verzichten wollen? Falls das Ergebnis auf Kurs oder gar darüber liegt, sollen anerkennende Worte für die weitere **Motivation** sorgen. Falls das Ergebnis einige Tage unter SOLL ist, sollte man gemeinsam über **Maßnahmen** diskutieren, mit denen man das Servicegeschäft kurzfristig ankurbeln kann, um den entstandenen Verlust aufholen zu können. Beispielsweise könnte man Mailings mit einem besonders günstigen Angebot zum Sicherheits-Check an die Kunden senden, die länger als 14 Monate nicht mehr in der Werkstatt waren. Wichtig ist die tägliche Betrachtung des Umsatzverlaufs. Wer nach drei Monaten feststellt, dass der Umsatz nicht stimmt, wird die verleideten Verluste nie mehr aufholen, sehr wohl kann man aber einen Verlust von 3.000,– € – der in einer Woche entstanden ist – durch sofortige Aktionen schnell ausgleichen. Mit Sicherheit wird man feststellen, sofern man die Zielzahlen mit der kurzfristigen **SOLL/IST-Kontrolle** anwendet, dass sich die Einbeziehung der Serviceberater motivierend auswirkt und man damit garantiert bessere Ergebnisse erzielen kann, als wenn man das Servicegeschäft einfach geschehen lässt. In manchen Betrieben wird das Erreichen der Service-Zielzahlen auch mit monetären Zuwendungen an das Service-Team belohnt. Für mehr Informationen zu Entlohnungssystemen im Service ist das Literaturangebot im Auto Business Verlag zu empfehlen (www.auto-business-shop.de).

Werkstattumsatzplanung

Firma: Musterhaus
Monat: Januar
mdw

A Tag	B SOLL Löhne Tag €	C IST Löhne Tag €	SOLL Löhne Kum.	IST Löhne Tag Kum. €	SOLL/IST +/-	D SOLL Teile Tag €	E IST Teile Tag €	F SOLL Teile Kum.	G IST Teile Tag Kum. €	H SOLL/IST +/-	J SOLL Kum. €	K IST Kum. €
1	2.060,00	2.200,00	2.060,00	2.200,00	140,00	2.266,00	2.300,00	2.266,00	2.300,00	34,00	4.326,00	4.500,00
2	2.060,00	2.300,00	4.120,00	4.500,00	380,00	2.266,00	2.300,00	4.532,00	4.600,00	68,00	8.652,00	9.100,00
3	2.060,00	2.300,00	6.180,00	6.800,00	620,00	2.266,00	2.500,00	6.798,00	7.100,00	302,00	12.978,00	13.900,00
4	2.060,00	2.400,00	8.240,00	9.200,00	960,00	2.266,00	2.700,00	9.064,00	9.800,00	736,00	17.304,00	19.000,00
5	2.060,00	2.100,00	10.300,00	11.300,00	1.000,00	2.266,00	2.500,00	11.330,00	12.300,00	970,00	21.630,00	23.600,00
6	0,00	0,00	10.300,00	11.300,00	1.000,00	0,00	0,00	11.330,00	12.300,00	970,00	21.630,00	23.600,00
7	0,00	0,00	10.300,00	11.300,00	1.000,00	0,00	0,00	11.330,00	12.300,00	970,00	21.630,00	23.600,00
8	2.060,00	3.100,00	12.360,00	14.400,00	2.040,00	2.266,00	3.500,00	13.596,00	15.800,00	2.204,00	25.956,00	30.200,00
9	2.060,00	2.000,00	14.420,00	16.400,00	1.980,00	2.266,00	2.400,00	15.862,00	18.200,00	2.338,00	30.282,00	34.600,00
10	2.060,00	1.100,00	16.480,00	17.500,00	1.020,00	2.266,00	1.700,00	18.128,00	19.900,00	1.772,00	34.608,00	37.400,00
11	2.060,00	1.900,00	18.540,00	19.400,00	860,00	2.266,00	1.800,00	20.394,00	21.700,00	1.306,00	38.934,00	41.100,00
12	2.060,00	2.200,00	20.600,00	21.600,00	1.000,00	2.266,00	2.100,00	22.660,00	23.800,00	1.140,00	43.260,00	45.400,00
13	0,00	0,00	20.600,00	21.600,00	1.000,00	0,00	0,00	22.660,00	23.800,00	1.140,00	43.260,00	45.400,00
14	0,00	0,00	20.600,00	21.600,00	1.000,00	0,00	0,00	22.660,00	23.800,00	1.140,00	43.260,00	45.400,00
15	2.060,00	1.300,00	22.660,00	22.900,00	240,00	2.266,00	1.700,00	24.926,00	25.500,00	574,00	47.586,00	48.400,00
16	2.060,00	1.100,00	24.720,00	24.000,00	-720,00	2.266,00	1.500,00	27.192,00	27.000,00	-192,00	51.912,00	51.000,00
17	2.060,00	2.000,00	26.780,00	26.000,00	-780,00	2.266,00	1.300,00	29.458,00	28.300,00	-1.158,00	56.238,00	54.300,00
18	2.060,00	1.200,00	28.840,00	27.200,00	-1.640,00	2.266,00	1.800,00	31.724,00	30.100,00	-1.624,00	60.564,00	57.300,00
19	2.060,00	1.300,00	30.900,00	28.500,00	-2.400,00	2.266,00	1.700,00	33.990,00	31.800,00	-2.190,00	64.890,00	60.300,00
20	0,00	0,00	30.900,00	28.500,00	-2.400,00	0,00	0,00	33.990,00	31.800,00	-2.190,00	64.890,00	60.300,00
21	0,00	0,00	30.900,00	28.500,00	-2.400,00	0,00	0,00	33.990,00	31.800,00	-2.190,00	64.890,00	60.300,00
22	2.060,00	1.400,00	32.960,00	29.900,00	-3.060,00	2.266,00	1.700,00	36.256,00	33.500,00	-2.756,00	69.216,00	63.400,00
23	2.060,00	1.500,00	35.020,00	31.400,00	-3.620,00	2.266,00	1.900,00	38.522,00	35.400,00	-3.122,00	73.542,00	66.800,00
24	2.060,00	1.500,00	37.080,00	32.900,00	-4.180,00	2.266,00	1.900,00	40.788,00	37.300,00	-3.488,00	77.868,00	70.200,00
25	2.060,00	2.100,00	39.140,00	35.000,00	-4.140,00	2.266,00	2.200,00	43.054,00	39.500,00	-3.554,00	82.194,00	74.500,00
26	2.060,00	2.300,00	41.200,00	37.300,00	-3.900,00	2.266,00	2.700,00	45.320,00	42.200,00	-3.120,00	86.520,00	79.500,00
27	0,00	0,00	41.200,00	37.300,00	-3.900,00	0,00	0,00	45.320,00	42.200,00	-3.120,00	86.520,00	79.500,00
28	0,00	0,00	41.200,00	37.300,00	-3.900,00	0,00	0,00	45.320,00	42.200,00	-3.120,00	86.520,00	79.500,00
29	2.060,00	1.900,00	43.260,00	39.200,00	-4.060,00	2.266,00	2.400,00	47.586,00	44.600,00	-2.986,00	90.846,00	83.800,00
30	2.060,00	3.400,00	45.320,00	42.600,00	-2.720,00	2.266,00	3.500,00	49.852,00	48.100,00	-1.752,00	95.172,00	90.700,00
31	2.060,00	4.200,00	47.380,00	46.800,00	-580,00	2.266,00	4.300,00	52.118,00	52.400,00	282,00	99.498,00	99.200,00

Löhne — **Teile** — **Kundendienst**

Stammdaten
A = Monat, Tag
B = anwesende ME-Kapazität / Tag
C = SOLL-Umsatz / Tag

Stammdaten
D = IST-Umsatz / Tag
E = SOLL Ø Umsatz / Tag
F = SOLL kummuliert
G = IST kummuliert

H = Differenz SOLL / IST
I = Ø SOLL Teile / Tag
J = IST Teile kummuliert
K = Summe IST Lohn / Teile

Offene Aufträge Stck.
Offene Rechnungssumme ca.   0,00 €

↗ **Abb. 2** _ Mit der Fortschreibung der Tagesergebnisse im Vergleich zur SOLL-Planung verfügt die Serviceleitung über ein vorzügliches Führungs- und Steuerungsinstrument (Software KD-Plus).

6 _ Maßnahmen zur Kundenbindung

Viele sagen: Kunden lassen sich nicht binden! Wirklich nicht? Wenn man eine überzeugende Leistung bietet, sachlich und emotional, wenn sich Kunden im Autohaus wohl fühlen und gerne wiederkommen, fühlen sie sich dann nicht „gebunden"? Was ist denn mit den Garantien aller Art, binden sie etwa nicht an den Betrieb? Und müssen wir nicht unterscheiden zwischen **Kunden- und Fahrzeugbindung?**

Trotz aller grundsätzlichen Überlegungen kommt am Thema keiner vorbei. Keine Werkstätte kann es sich erlauben Kunden zu verlieren – oder besser gesagt – Autos aus der Betreuung zu verlieren. Dieses Thema unterliegt auch häufig einer Fehlbetrachtung: „Schon der Großvater dieser Familie hat bei uns Autos gekauft, der Vater danach und jetzt hat gerade der Sohn seinen ersten Wagen bei uns übernommen." 100 %-ige Kundenbindung möchte man meinen, auf den ersten Blick scheint das auch so zu sein. Die Frage ist aber: Was geschieht mit den eingetauschten Gebrauchtwagen? Wohin wenden sich die neuen Besitzer, wenn Wartungen oder Reparaturen anstehen? Kommen die zum verkaufenden Haus zurück? Mit welchen Instrumenten werden diese neuen Kunden an den Service des Verkäufers gebunden? Das ist gemeint mit der Aussage: Fahrzeugbindung.

Im Prinzip sollte jedes verkaufte Auto **folgende Erträge** bringen:
- ein Ertrag aus dem NW-Verkauf
- ein Ertrag aus dem GW-Verkauf
- acht Erträge aus Wartung und Reparatur bis zum Besitz in zweiter Hand

Dann hat sich ein NW-Verkauf gelohnt! Jedes Autohaus, gemeinsam vom Verkauf und Service gestaltet, muss hier eine **langfristige Strategie** entwickeln, die ineinander greifende Maßnahmen vorsieht, damit das Fahrzeug möglichst lange, bis ins Segment II hineinreichend den Weg in die eigene Werkstatt findet. Das nutzt auch dem Verkauf, denn an Kunden, die ihre Fahrzeuge im Haus pflegen lassen, werden wir mit Sicherheit leichter neue oder gebrauchte Automobile verkaufen als an die Kunden, die sich nach dem Kauf im Servicegeflecht des Marktes verlieren.

6.1 _ Kundenbindung mit Garantieleistungen

Weil Garantieleistungen je nach Marke vom Hersteller oder Importeur unterschiedlich entlohnt werden, hat der eine Betrieb vielleicht mehr Freude daran als ein anderer. Egal aus welcher Sicht man dies betrachtet ist es aber so, dass die „Auftragsart Garantie" für eine Grundauslastung sorgt, die zwischen sieben und teilweise über dreißig Prozent (manchmal auch noch mehr) der Gesamtauslastung liegt. So sehr man eine hohe Garantiequote bemängelt, so sehr beklagt man auf der anderen Seite, wenn die Produktqualität steigt und die vom Produzenten bezahlten Nachbesserungen weniger werden. Eine Gratwanderung! Andauernde Produktverbesserungen können sogar Arbeitsplätze in der Werkstätte kosten! Dennoch sollte man diese Aufträge „pflegen", eine Einladung des Kunden kurz vor Ablauf der Herstellergarantie oder -gewährleistung sollte deshalb zum Standard jedes Servicebetriebes zählen, auch wenn es von der einen oder anderen Marke so nicht gerne gesehen wird oder sogar untersagt ist.

Nicht alle Hersteller/Importeure genehmigen diese Aktion; bitte verschaffen Sie sich darüber Klarheit, bevor Sie die Aktion starten.

Muster Mailing
Herstellergarantie

MUSTER

Frau
Rosa Kunde
Marktplatz 1

88888 Musterdorf

Bald endet die Zeit der Hersteller-Garantie (Gewährleistung) für Ihren Wagen

Sehr geehrte Frau Kunde,
es ist jetzt 23 Monate her seit Sie Ihren XY bei uns übernommen haben und wir hoffen, dass Sie auch heute noch so viel Freude daran haben wie damals.

Wie Sie sicher wissen **endet nach 24 Monaten die Garantiezeit** (alternativ: die Gewährleistungszeit), die der Hersteller jedem Fahrzeug mit auf den Weg gibt. Damit Sie auch **weiter sorgenfrei fahren können** schlagen wir Ihnen vor, dass Sie mit Ihrem Wagen bis spätestens NN bei uns vorbei kommen, damit wir gemeinsam noch alles an Ihrem Wagen durchchecken, um zu sehen, ob sich eventuell ein Defekt eingeschlichen hat. Sollte es so sein, dann haben wir **letztmalig Gelegenheit Ihnen die Instandsetzung auf Garantie anzubieten**, sofern die diesbezüglichen Vorgaben des Herstellers dies erlauben.

Sollte alles in bester Ordnung sein, was wir erwarten, dann haben Sie das sichere Gefühl, dass Sie keine unliebsamen Überraschungen erleben werden. Damit das auch in Zukunft so bleibt, erlauben wir uns bei Ihrem Besuch Ihnen die **Vorzüge einer Anschlussgarantie** aufzuzeigen, damit Sie auch in Zukunft vor überraschenden Reparaturkosten geschützt sind.

Wir freuen uns Sie bei uns begrüßen zu dürfen, für diesen **Garantie-Check** müssen Sie sich nicht extra anmelden, Sie können gerne in der Zeit zwischen 10.00 und 16.00 Uhr einfach zu uns kommen.

Mit freundlichen Grüßen

Vorname, Name, Autohaus NN

PS: Wer sich jetzt für einen **Fahrzeugtausch** entscheidet, der erwirbt nicht nur **eine neue Garantiefrist von zwei Jahren**, sondern bekommt einen besonders guten Eintauschpreis für seinen Wagen. Wenn Sie es wünschen, machen wir Ihnen gerne ein attraktives Angebot.

Mit Ablauf der Garantie oder Gewährleistung sollte spätestens jetzt alles daran gesetzt werden, dem Kunden eine Anschlussgarantie anzubieten. Nichts fördert die Werkstattauslastung mehr als eine bei Bedarf zu garantierten Bedingungen durchgeführte Instandsetzung. Das gilt natürlich auch für das Gebrauchtwagengeschäft. Während die meisten Betriebe eine Gebrauchtwagen-Garantie immer noch als Instrument zur Schadensbewältigung sehen, also dabei die Verkäuferbrille aufhaben, sollte man vor allen Dingen die Servicesicht ins Spiel bringen. Garantien dienen der Werkstattauslastung und diese ist – wie mehrfach erwähnt – der Garant fürs Überleben am Markt. Jetzt ist es an der Zeit das Thema „Garantie", insbesondere die **Neuwagen-Anschlussgarantie**, innerbetrieblich intensiv zu fördern. Dabei müssen die Serviceberater ebenso aktiv agieren wie die Verkäufer. Wer es schafft bei einer 48-monatigen Leasingdauer das „2plus2-Angebot" zu verkaufen – also zwei Jahre Garantie plus zwei Jahre Anschlussgarantie – der hat viel für die Existenzgrundlage des Hauses getan und der Kunde hat dazu einen großen Vorteil bekommen, für relativ wenig Geld. Wenn die Verkäufer – wie oft gehört – darüber klagen „was man denn noch alles verkaufen soll und was Kunden beim Kauf denn noch alles unterschreiben sollen", so muss man ihnen verdeutlichen, welchen Vorteil diese Art der Kundenbindung auch für den Folgeauftrag nach Ablauf der Leasing- oder Finanzierungslaufzeit hat: Derart gebundene Kunden werden auch besser für den nächsten Fahrzeugkauf anzusprechen sein als andere, die dann, so kann man befürchten, schon nach Ablauf der Garantiezeit verloren gehen. Mit welchen Mitteln sollte der Kunde zurück zu gewinnen sein?

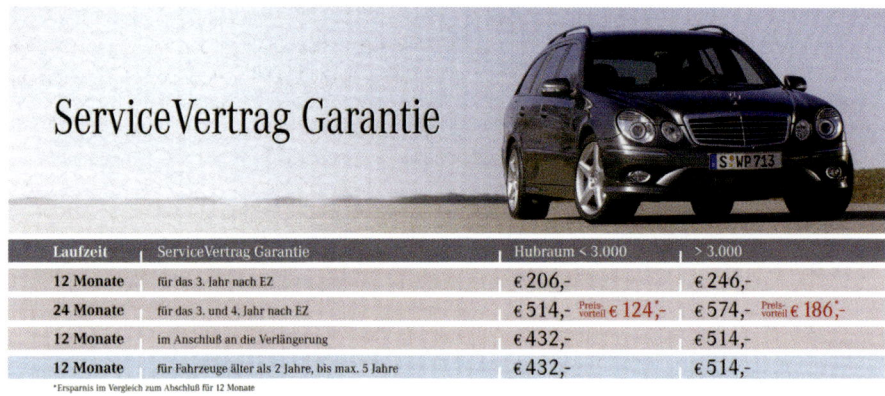

Laufzeit	ServiceVertrag Garantie	Hubraum < 3.000	> 3.000
12 Monate	für das 3. Jahr nach EZ	€ 206,-	€ 246,-
24 Monate	für das 3. und 4. Jahr nach EZ	€ 514,- Preisvorteil € 124,-*	€ 574,- Preisvorteil € 186,-*
12 Monate	im Anschluß an die Verlängerung	€ 432,-	€ 514,-
12 Monate	für Fahrzeuge älter als 2 Jahre, bis max. 5 Jahre	€ 432,-	€ 514,-

*Ersparnis im Vergleich zum Abschluß für 12 Monate

E-Klasse · CLK · SLK

KUNZMANN
Die *neue* Service-Dimension

↗ **Abb. 1** _ Verkaufsförderungsflyer für die Anschluss-Garantie bei Kunzmann in Aschaffenburg.

Bester Service für Ihr "bestes Stück"

Seit jeher gelten Mercedes-Fahrzeuge als besonders Wert stabil, langlebig und robust. Selbstverständlich bedarf es dazu der laufenden Pflege und Instandhaltung. So hat man lange Freude an seinem "Mercedes im besten Alter".

Falter's Service für Ihren "Mercedes im besten Alter":

Unsere Mercedes-Benz Servicespezialisten wissen am besten was Ihr Wagen braucht:

- regelmäßige Durchsicht für
- problemfreien Betrieb
- Original-Ersatzteile in bester Mercedes-Qualität
- alles zusammen zum günstigen Preis

Bringen Sie Ihr bestes Stück, Ihren "Mercedes im besten Alter", zu uns ins Autohaus Falter. Wir wissen genau, was man für den Betrieb und den Werterhalt Ihres Fahrzeugs tun muss.

Verlängern Sie doch einfach die Garantie.

neu

Was man bei Neuwagen so sehr schätzt - die Garantie des Herstellers zum sorgenfreien Fahren - kann man jetzt einfach verlängern. So ersparen Sie sich unvorhersehbare Reparaturkosten. "ServiceVertrag Garantie" heißt die Zauberformel von Mercedes-Benz.

Ihre Vorteile aus der ServiceVertrag Garantie:

- Sie schützt vor unvorhersehbaren Reparaturkosten, gemäß den AGB der ServiceVertrag Garantie.
- Sie schließt Kosten für Löhne und Ersatzteile zu 100 % ein (ab 100.000 km mit geringem Kundenanteil für Material).
- Sie kann bei jedem autorisierten Mercedes-Benz Partner in Europa geltend gemacht werden.
- Sie sichert den Wert Ihres Mercedes-Benz und ist damit ein exklusiver Vorteil beim Wiederverkauf.
- Sie ist fahrzeuggebunden - die Leistungsvorteile werden beim Verkauf an den neuen Fahrzeughalter übertragen.
- Sie kann bis zu 10 Jahre verlängert werden.
- Die ServiceVertrag Garantie schließt an die NeuwagenGarantie von Mercedes-Benz an.

Alle Vorteile aus der ServiceVertrag Garantie können Sie z. B. ab sofort nutzen. Eine Bedingung ist, dass Sie die vom Hersteller vorgeschriebenen Wartungs- und Servicetermine am Fahrzeug durchführen lassen. Wir im Autohaus Falter unterstützen Sie dabei.

Die Kosten für alle oben genannten Vorteile sind überraschend günstig. Eine A-Klasse können Sie 12 Monate lang für € 119,- mit einer ServiceVertrag Garantie versehen, eine C-Klasse schon ab € 189,-. Weitere Informationen erhalten Sie bei Janina Pister, Tel. 0 63 24 / 92 02 11.

VERLÄNGERN SIE DIE GARANTIE

↗ **Abb. 2** _ So stellte das Autohaus Falter in Neustadt/Weinstraße seinen Kunden die Vorteile der Anschluss-Garantie in der Kundenzeitung des Hauses vor.

6.2 _ Kundenbindung mit Service-Vorverkauf

Das Prinzip ist recht einfach: Beim Neu- oder Gebrauchtwagenverkauf werden dem Kunden **Gutscheine für künftige Serviceleistungen** verkauft. Je nach geplanter Fahrleistung kann man so im Autohaus zwei, vier oder sechs Inspektionen zum **Fixpreis** kaufen. Je mehr man kauft, desto günstiger ist natürlich der Preis und: Vor Preissteigerungen ist der Kunde so auch geschützt. Die Wirksamkeit ist unbestritten, wer im Voraus bezahlt hat, will die Leistung natürlich einlösen. Wichtig ist für den anbietenden Betrieb, dass man die Leistungen sauber kalkulieren kann und dass das Angebot mit „zuzüglich Nebenarbeiten und Teile nach Bedarf" ergänzt wird.

6.3 _ Das intelligente Langzeitkonzept: die *ServiceFlatrate©*

Eine Flatrate meint: Ein Mal zahlen und dauerhaft nutzen. Auf dieses Prinzip baut das *„ServiceFlatrate*©-Angebot auf. Dabei werden dem Kunden, der gerade einen Neu- oder Gebrauchtwagen kauft, die Vorteile schon beim Kauf aufgezeigt, die auch einen nennenswerten, monetären Effekt haben und so zusätzlich das eine oder andere Prozent Rabatt einsparen können. Das Grundprinzip funktioniert so: Dem Kunden werden übliche Serviceleistungen, so z. B. die Herausgabe von Leihwagen bei Werkstattaufenthalt, die Rädereinlagerung im Frühjahr und Herbst und Sicherheits-Checks, so oft wie die Kunden es für notwendig erachten, angeboten und zwar in der Form, dass man für diese Leistungen ein Mal bezahlt (die Größenordnung liegt in der Praxis dafür bei 150,- € bis 300,- €) und dann dauerhaft, **ein Autoleben lang**, so lange wie man das Fahrzeug in Händen hält, ohne weitere Zuzahlung nutzen kann. Auch wenn man als Kunde das Fahrzeug später privat weiter verkauft, geht der Anspruch an den nächsten Besitzer über und, das ist die Wirkung, dieser wird mit großer Wahrscheinlichkeit seine Vorteile im anbietenden Autohaus weiter wahrnehmen wollen. So bindet man mit Service-Standardleistungen Kunden über Jahre immer wieder ans Haus und mit steigendem Fahrzeugalter werden die Ausgaben für Reparaturen größer, man sitzt also dann in der ersten Reihe, wenn es sich so richtig lohnt. Dazu werden bei diesem System dem Kunden ein **jährliches Wertscheckheft** geboten, in dem viele Einkaufsvorteile auf Teile, Zubehör und Dienstleistungen geboten werden, die dem Kunden nützlich sind und die er sicher teilweise oder ganz einlösen wird. Man betreibt so Direktmarketing vom feinsten, weil man ja die Angebote je nach Kunde, individueller Bedürfnisse und Fahrzeugsegment genau steuern kann. Dieses intelligente **Kundenbindungssystem** beinhaltet auch die Dienstleistung eines Spezialanbieters (www.service-flatrate.eu), der ein Autoleben lang die Kontaktarbeit für das Autohaus leistet, so z. B. den jährlichen Versand der Wertgutscheinhefte, die Herausgabe einer Aktionszeitung im Frühjahr und Herbst, der Schulung und dem Coaching des Verkaufs- und Servicepersonals u. v. a. m.

Manch' einer wird anmerken, dass dies wohl ein riesiger Aufwand sei. Wer soll das alles erledigen? Eben weil man sich damit vom Wettbewerb differenzieren und bei den Kunden profilieren kann, wirkt die Maßnahme. Dass man diese Kundenkontaktarbeit in der Praxis einem externen Dienstleister anvertraut, ist die moderne Art des Marketing – auch **Outsourcing** genannt.

6.4 _ Belohnungen fürs Wiederkommen

Kundenbindung kann man auch mit einem einfachen System erreichen, so kann man **AW-Punkte** sammeln oder einfach einen Punkt je Euro Service- oder Teileumsatz sammeln. Die Kunden kennen dies aus Supermärkten, von Tankstellen und anderen Einzelhandelsunternehmen aus vielen Branchen. Das Problem ist nur, dass beim durchschnittlichen Kunden der Abstand zwischen den Werkstattbesuchen sehr groß ist und den Kunden die Sammelfreude dadurch etwas genommen wird. Andere Betriebe belohnen das Fahrzeugalter und versuchen so Kunden bei der Stange zu halten: Mit jedem Zulassungsjahr bekommt der Kunde ein Prozent Rabatt auf Serviceleistungen, wer also einen sechs Jahre alten Wagen hat kann an der Kasse auch mit einem 6%-igen Nachlass rechnen.

↗ **Abb. 3** _ Besonders geeignet für Vielfahrer und im Nutzfahrzeuggeschäft: Wer bei Kunzmann Sterne sammelt, wird belohnt. Da hat man Freude beim Wiederkommen.

7 _ Literaturverzeichnis – lesenswerte Fachbücher

Bird Drayton:	„Praxis-Handbuch Direktmarketing", Verlag moderne Industrie
Birkenbihl Vera:	„Kommunikations-Training", mvg-Verlag
Birkenbihl Vera:	„Psycho-logisch richtig verhandeln", mvg-Verlag
Birkenbihl Vera:	„Signale des Körpers", mvg-Verlag
Birkenbihl Vera:	„Stroh im Kopf", Birkenbihl-Media
Prof. Brachat Hannes:	„Die Stimme der Branche", Auto Business Verlag
Prof. Brachat Hannes:	„Autohaus Management 2010", Auto Business Verlag
Brachat / Wagner:	„Erlebnis Dialogannahme", Auto Business Verlag
Braun Walter:	„Top Selling", Heyne Verlag
Diez Willi:	„Automobil-Marketing", mi Verlag moderne Industrie
Diez / Brachat / Reindl:	„Grundlagen der Automobilwirtschaft", Auto Business Verlag
Geoffrey Edgar:	„Clienting", mi Verlag moderne Industrie
Greff Günther:	„Telefonverkauf mit Power", Books on Demand
Guschke Ehrenfried:	„Kunden finden – Kunden binden", mi Verlag moderne Industrie
Dr. Häusel Hans-Georg:	„Think Limbic", Haufe Verlag
Meffert Werner:	„Werbung, die sich auszahlt", rororo-Taschenbuch
Mertens / Kramer:	„Entlohnungssysteme im Automobilhandel", Auto Business Verlag
Oechsler Hias:	„Verkaufskurs für das Handwerk", mi Verlag moderne Industrie
Otting Joachim:	„Neue Chancen rund um den Unfallservice", Auto Business Verlag
Schönert Walter:	„Werbung, die ankommt", mi Verlag moderne Industrie
Sieg/ Ippendorf:	„Der professionelle Serviceberater", Auto Business Verlag
Skril Michael J.:	„100 Ideen für Werbung und PR", Heyne Verlag
Tominaga Minoru:	„Aufbruch in die Wagnis-Republik", Econ & List
Tominaga Minoru:	„Die kundenfreundliche Gesellschaft", Econ & List
Vögele Siegfried:	„Dialogmethode", mi Verlag moderne Industrie
Vögele Siegfried:	„99 Erfolgsregeln für Direktmarketing", mi Verlag moderne Industrie
Wagner Erwin:	„Mehr Geld verdienen mit Gebrauchtwagen", Auto Business Verlag
Wagner Erwin:	„Aktiver Serviceverkauf", Auto Business Verlag
Wagner Erwin:	„Gebrauchtwagen-Prozesse optimal gestalten", Auto Business Verlag

8 _ Anhang: Nützliches für den Werkstattalltag

1. Hilfreiche Formulare

Die Auftrags-Checkliste hilft Ihnen bei der Dialogannahme auf alle wichtigen Punkte einzugehen. (Erhältlich unter www.auto-business-shop.de)

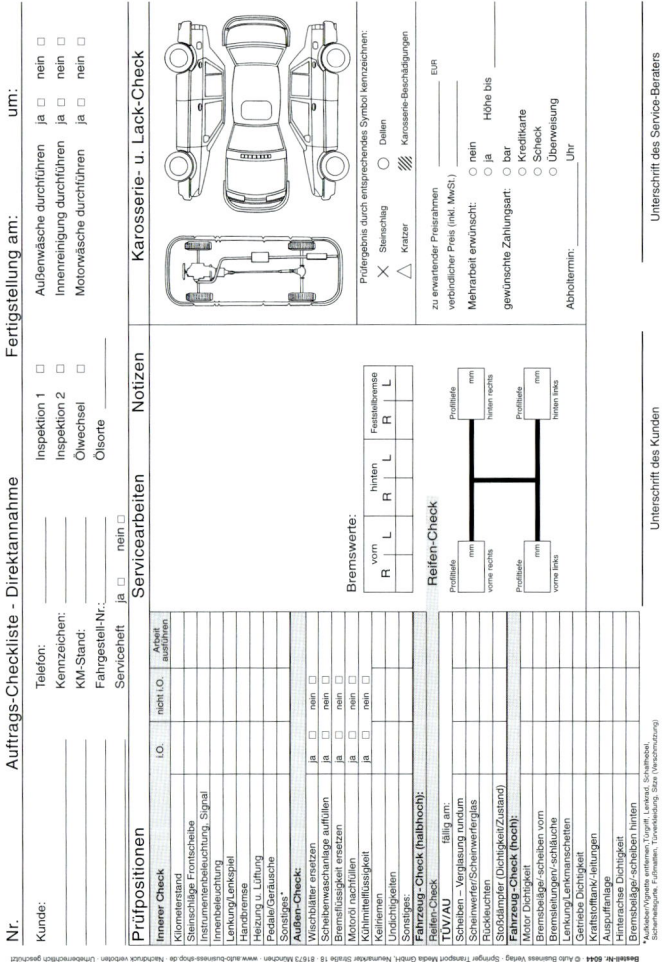

Mit dem Treuepass binden Sie Kunden an Ihre Werkstatt. Bei jedem Rechnungswert von mehr als 50 Euro erhält der Kunde einen Stempel. Bei sechs Stempeln erhält er eine kostenlose Leistung wie Ölwechsel. (Zu bestellen unter www.auto-business-shop.de)

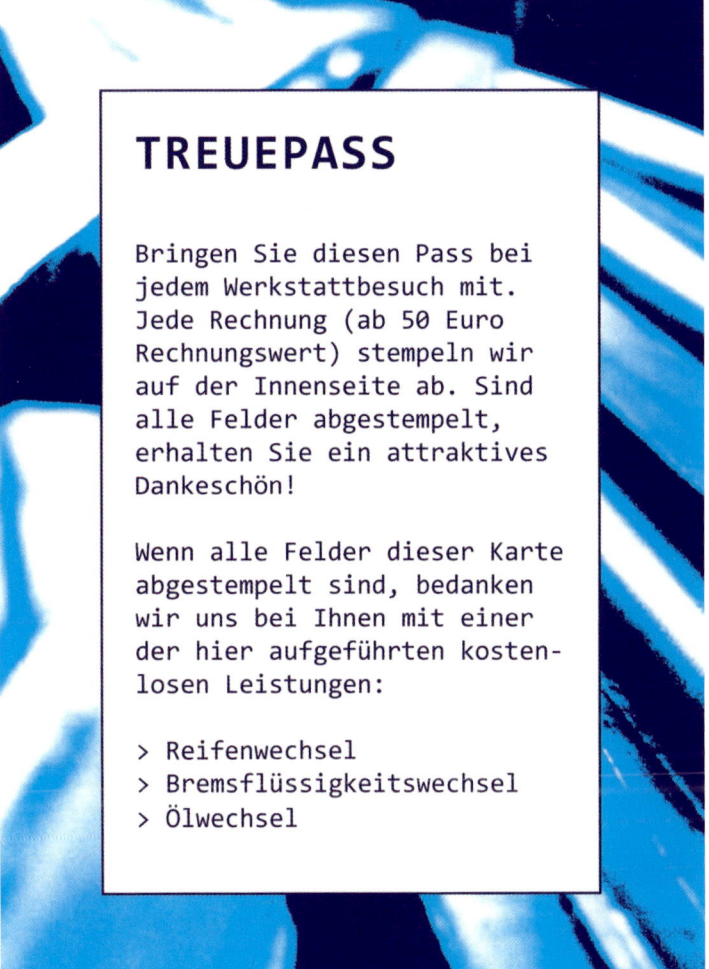

TREUEPASS

Bringen Sie diesen Pass bei jedem Werkstattbesuch mit. Jede Rechnung (ab 50 Euro Rechnungswert) stempeln wir auf der Innenseite ab. Sind alle Felder abgestempelt, erhalten Sie ein attraktives Dankeschön!

Wenn alle Felder dieser Karte abgestempelt sind, bedanken wir uns bei Ihnen mit einer der hier aufgeführten kosten-losen Leistungen:

> Reifenwechsel
> Bremsflüssigkeitswechsel
> Ölwechsel

2. 25 hilfreiche Tipps zur Werkstattauslastung

25 Tipps zur Werkstattauslastung	OK
• Systematische Dialogannahme mit Check-Systemen	☐
• Aktive Zusatzverkäufe für Nachrüstungen im Segment I (Navigationssysteme, Freisprechanlagen, Standheizungen, Autogasbetrieb)	☐
• Gezielte Saison-Aktionen (Frühlings-, Urlaubs- und Winter-Check)	☐
• Aktionswochen zur Kundengewinnung (Sicherheitswochen, Spritsparwochen)	☐
• Wirkungsvolles Preismarketing (Festpreise, Fokuspreise)	☐
• Mehr Fahrzeuge verkaufen, sowohl neu als auch gebraucht – mit Kundenbindungspaketen wie z. B. *ServiceFlatrate*© ausstatten	☐
• Mittels Telefonmarketing und gezielten Mailings abgesprungene Kunden zurück holen	☐
• Neue Kunden über Fremdfabrikate-Service akquirieren	☐
• Das Reifen-Geschäft ausbauen, Einlagerungsservice anbieten, konsequenter Check der eingelagerten Räder	☐
• Service-Verträge verkaufen	☐
• Telefonische Erinnerung und Terminvereinbarung für HU und AU	☐
• Service-Marketing vor Ablauf der Garantiezeit (Neu- und Gebrauchtwagen)	☐
• Werkstattauslastungs- und Terminsteuerung über EDV	☐
• Gezielte Rückholstrategie für Fahrzeuge älter als vier Jahre (Mail & Call-Programm)	☐
• Konsequente Umsetzung des Serviceprogramms (z. B. AutoSparbuch) bei GW-Kunden	☐
• Attraktive Öffnungszeiten, Samstag als vollwertigen Servicetag einführen	☐
• Ölstandskontrolle bei jedem durchlaufenden Fahrzeug, Nachfüllservice aktiv anbieten	☐

• Lückenlose Abwicklung von Hersteller-Rückrufaktionen	❑
• Finanzierung für Serviceleistungen, z. B. > 500,– € anbieten	❑
• Komplettes Unfallmanagement	❑
• GW-Eintauschtest ist einer Dialogannahme gleich zu setzen, Instandsetzung ist Werkstattauslastung!	❑
• Festpreisangebote für Verschleißreparaturen	❑
• Differenzierte Teilepreise (Segment II, III) anbieten	❑
• Differenzierte Verrechnungssätze nach Fahrzeugalter	❑
• Gebrauchtwagen-Garantien mit GW-KKP	❑

3. Produktivität und Leistungsgrad

Produktivität und Leistungsgrad sind zwei Kennzahlen, die für eine ertragreiche Werkstattführung unerlässlich sind. Zunächst sind die produktiven Stunden der Monteure zu entwickeln, die je nach Bundesland (Feiertage) und nach Betrieb (Wochenarbeitszeit) schwanken.

Ermittlung der produktiven Monteurstunden – ein Beispiel

365	Kalendertage
– 104	Samstage und Sonntage p. a.
– 6	Feiertage, die stets auf einen Wochentag fallen
– 6	Feiertage, die mit einer Wahrscheinlichkeit von 7:2 auf einen Samstag oder Sonntag fallen
=249	Arbeitstage p. a.
– 30	Tage Urlaub p. a.
– 10	Tage Krankheit p. a.
– 5	Tage Schulung p. a.
– 3	Beerdigung, Hochzeit p. a.
=201	Anwesenheitstage p. a.
x7,4	Anwesenheitsstunden pro Tag
=1.487	Anwesenheitsstunden p. a.
–149	unproduktive Arbeitsstunden p. a. (10 %)
=1.338	produktive Arbeitsstunden p. a.

Produktivität der Monteure und deren Leistungsgruppen

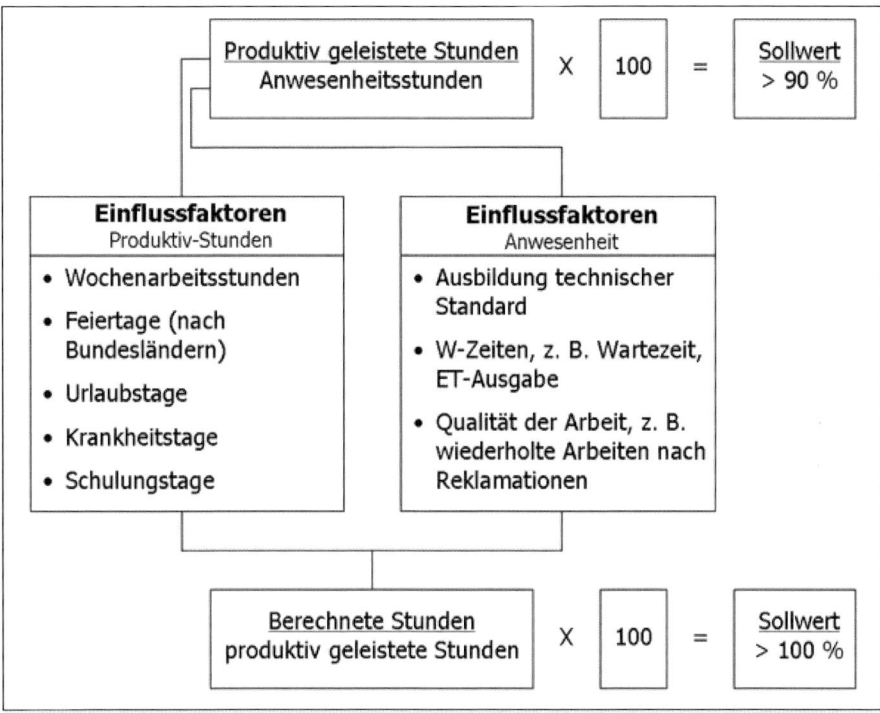

↗ **Abb. 1** _ Produktivität und Leistungsgrad sind die wesentlichen Parameter für den Erfolg im Werkstattgeschäft. Die Produktivität gibt Auskunft über die Effektivität der Arbeit, der Leistungsgrad beschreibt die Effizienz.

Wenn Sie die Produktivität Ihres Betriebes ermitteln wollen, können Sie folgende Formel verwenden:

Produktivität = IST-Produktiv-Stunden x 100 : Anwesenheitsstunden

Beispiel

Anwesenheitsstunden pro Monat	IST-Produktiv-Stunden pro Monat	Produktivität
382	351	91,88

Die Anwesenheitsstunden und IST-Produktiv-Stunden (= aufgewendete Stunden) der Mechaniker und Auszubildenden können Sie der Zeitliste entnehmen. Wenn Sie den Leistungsgrad Ihres Betriebes ermitteln wollen, können Sie mit folgender Formel arbeiten:

Leistungsgrad = verkaufte Stunden x 100 : reduzierte IST-Produktiv-Stunden

Beispiel

Produktiv-Stunden pro Monat	Verkaufte Stunden pro Monat	Leistungsgrad
382 %	393 %	103 %

Wie Sie mit weniger Aufwand mehr verdienen können
Das Kapitel „Rationalisierung"

Die Stundenverrechnungssätze unserer Werkstätten sind seit dem Jahre 1972 um ca. 300 Prozent gestiegen. Der Unterschied zwischen Kundenanspruch und Erfüllung durch die Werkstatt wird bei den Arbeitskosten pro Stunde besonders deutlich. Die Kunden ziehen daraus ihre Konsequenzen und gehen zur vermeintlich billigeren Konkurrenz. Was tun? So weitermachen und allein die noch verbleibenden Kunden bedienen? Das führt zu einer weiteren Verteuerung der Stundenverrechnungssätze. Die richtige Antwort heißt: Rationalisieren, um damit kostengünstiger zu arbeiten, preiswerter anzubieten und nicht zuletzt, Gewinne zu machen.

Wie leistungsfähig ist Ihr Betrieb?

Nehmen wir einmal an, in Ihrem Betrieb werden für Kundenaufträge 1.000 Stunden von produktiven Kräften aufgewendet. Die Vorgabezeit, d. h. die der Kundenrechnung für diese Arbeiten zugrunde liegende Zahl, beträgt aber nur 850 Stunden. Dann bedeutet das: Durch langsames, unrationelles Arbeiten wurden in Ihrem Betrieb 150 Stunden „verfahren", für sie wurde kein Lohnerlös erzielt. Der Leistungsgrad Ihrer Werkstatt würde demnach nur 85 % statt 100 % betragen. Und das bedeutet z. B. in Zahlen, einen Umsatzverlust von (150 Stunden x Verrechnungssatz 73,– €) 10.950 €.

Wie produktiv ist Ihr Betrieb?

Wenn Sie die SOLL-Produktivität von mindestens 90 % erreichen wollen, müssen Sie dafür sorgen, dass die Anwesenheitszeit der produktiven Kräfte möglichst vollständig für Arbeiten an Kundenaufträgen verwendet wird. Andernfalls verlieren Sie Umsatz.

Dazu ein weiteres Rechenbeispiel:
Angenommen, 3 Mechaniker sind pro Tag je eine Stunde nicht produktiv eingesetzt und „schieben" Leerlauf. Dann macht das übers Jahr einen Umsatzverlust von 45.223 €.
3 x 206,5 Arbeitstage/Jahr = 619,5 Stunden
619,5 Stunden x Verrechnungssatz 73,– € = **45.223,05 €**

4. Best Practice im Service: Maßnahmen für mehr Service und Ertrag und mehr Kundenzufriedenheit

- Kundengerechte, lange Öffnungszeiten des Betriebes
- Freundliche, zuvorkommende und sauber gekleidete Mitarbeiter
- Ansprechende und saisonale Dekoration des Autohauses
- Sauberes und aufgeräumtes Ambiente, viele Parkmöglichkeiten
- Ansprechende Kundenwartezonen mit Möglichkeiten der Verköstigung und Entspannung
- Ansprechende Kinderspielbereiche (auch im Außenbereich)
- Transparenz im Betrieb (Kunden mit in die Werkstatt nehmen)
- Konsequente Nutzung der Dialogannahme (15 bis 30 Minuten pro Kunde einplanen)
- Angebot von Zubehör in der Dialogannahme und im Schauraum
- Leihangebote für die Kunden (Dachboxen, Schneeketten, mobile Navigationssysteme)
- Zubehörkompetenz aufbauen (z. B. Mobilfunk, Navigation)
- Reifeneinlagerung mit Reinigung und Wuchten der Räder
- Mobilität erhalten: günstige Werkstattersatzfahrzeuge, Taxigutscheine oder Bustransfers
- Hol- und Bringservice umsetzen
- Angebot von Schnellreparaturen (Bremse, Ölwechsel)
- Abschleppservice 24h
- Fahrzeugwäsche, Scheibenreinigung beim Service obligatorisch
- Angebot von Zwischenchecks mit anderen Aktionen (z. B. Fahrzeugpräsentation) verknüpfen
- Bestätigungsschreiben bei länger vorausgeplanten Serviceterminen (Postkarte)
- Serviceinstrumente, Marktanalysen und Marketingkonzepte der Hersteller nutzen
- Persönliche Telefonate mit dem Kunden bei längerem Fernbleiben
- Call-Center zur Abfrage der Kundenzufriedenheit und Möglichkeiten der Verbesserung
- Erinnerungsschreiben für HU/AU/Lichttest/Reifencheck etc.
- Kundenevents im Autohaus (Grillabende, Weinabende, Kindertreffs, Gesundheitsvorträge, Oldtimermesse, Fahrsicherheitstraining, Offroad-Fahren etc. – alles, was Frequenz bringt)
- Servicekompetenz auch für Fremdmarken aufbauen und offensiv kommunizieren
- Komplettpreise für Verschleißreparaturen und Standardservice
- EDV-Nutzung zum Erstellen der Fahrzeughistorie
- Spezialleistungen anbieten (z. B. Abholung und Reparatur des Pkw während einer Flugreise)
- Unterstützung örtlicher Autoclubs – junge Leute können unter Aufsicht die Werkstatt kostenlos nutzen; Teile werden über das Autohaus oder Werkstatt bezogen
- Angebot von Tuningmaßnahmen mit einer eigenen Designlinie
- Leistungen des Betriebes in Aktion und emotional darstellen, Vertrauen der Kunden gewinnen
- Externe Unternehmen in den Betrieb integrieren (z. B. ADAC-Vertretung, Versicherung, Reisebüro, Bank etc.)

(Quelle: Prof. Hannes Brachat)

5. Thesen zum Service-Markt der Zukunft

- DEN Kunden gibt es nicht. Es wird das Unternehmen gewinnen, das aktiv auf den Kunden zugeht.
- Wer die besseren Serviceberater hat, macht das Rennen. Der Serviceberater wird die wichtigste Person sein. Er ist die „lebende Kompetenz" im Service.
- Das Volumen pro Auftrag ist rückläufig. Die Prozesse müssen daher effizient und damit schlank sein. Die papierlose Werkstatt sollte das Ziel sein. Damit kann sich der Serviceberater aufs Beraten und aufs Verkaufen konzentrieren.
- In den kommenden Jahren werden die Bereiche Aftersales und Verkauf enger zusammenrücken. Es wird viel über den Verkauf laufen, was dem Service nutzt. Die Service-Verträge sollten gleich beim Fahrzeugverkauf untergebracht werden.
- Die Bündelung der freien Werkstattkonzepte findet am massivsten in Ballungszentren statt. Der Service-Wettbewerb erhält auch über die zusätzlichen Service-Verträge erweiterte Fahrt.
- Das technisch Machbare ist nicht das, was man unmittelbar tun wird. Die Service-Intervalle sind zu lange. Der Kunde weiß nicht mehr, was er tun soll. Ein Mal jährlich ist der häufig festgestellte Kundenwunsch. Dabei sind – je nach Fahrzeugalter – Maßanzüge zu schneidern.
- Verbindliche Preis-, Terminauskunft und ein klarer Auftragsumfang sind die drei wichtigsten Infoblöcke, die dem Kunden Referenz für einen guten Service sind.
- Die Teilebelieferung ist zwei Mal täglich „just in time" sicherzustellen. Nachtbelieferungen sind für Tagesaufträge out!
- Das Reifengeschäft ist der wichtigste Kundenkontaktbaustein.
- Glas-, Optik- wie Smart-Repair-Offerten sind aktiv zu kommunizieren.
- Im Garantiesektor wird krampfhaft versucht Geld zu sparen. Der administrative Aufwand ist – je nach Marke – unhaltbar und wird zum Händlerquälinstrument umfunktioniert. Sucharbeiten werden immer noch schleppend vergütet. Eine technische Hotline gibt es nicht mehr. Die technischen Außendienste wurden vielfach abgeschafft. Am Telefon trifft man niemanden mehr an.
- Das Gebrauchtwagen-Geschäft wird zu wenig als Bindeschiene für das Service-Segment II und III genutzt.
- Der Bruttoverdienst eines Serviceberaters liegt zwischen 2.500,- und 3.000,- €. Zwei Drittel aller Betriebe haben noch keine variablen Lohnbestandteile eingezogen.

(Quelle: AUTOHAUS)

6. 10 Tipps für das Ölgeschäft im Autohaus

1. Die erfolgreiche Vermarktung von Schmierstoffen ist Chefsache! Engagierte und fachkundige Mitarbeiter verkaufen die Vorzüge moderner Motorenöle wie z. B.:
- Herstellerempfehlungen und technische Notwendigkeiten.
- Sicherheit, lange Motorlebensdauer, Verschleißschutz, besserer Wiederverkaufswert.
- Spritersparnis, . . . „es spart mehr als es kostet."
- Umweltfreundliche Aspekte wie z. B. weniger Emissionen, umweltgerechte Entsorgung des Altöls.

2. Die Ertragskraft der Schmierstoffe muss noch verkaufsaktiver ausgeschöpft werden. Dabei gilt es, als besonderen Kundennutzen herauszustellen:
- den regulären Ölwechsel im richtigen Intervall.
- den Zwischenölwechsel zwischen den Inspektionsintervallen – mindestens einmal pro Jahr sollte das Öl gewechselt werden.
- den Ölwechsel je nach erschwerten Fahrbedingungen. Wer nur Kurzstrecken fährt, dem empfehlen die Kfz-Hersteller teilweise eine Halbierung des Ölwechselintervalls.
- den Ölwechsel kurz nach Erwerb des Neuwagens und die frühzeitige Umstellung auf spritsparende Ölsorten.
- das Nachfüllgeschäft! In jedem zweiten Auto fehlt mindestens ½ Liter Öl (Quelle: Marktforschung Shell).
- die Mitnahmereserven! Sie eignen sich vor allem für die Urlaubszeiten oder Geschäftsreisen. Die Frage nach dem „Nachfüllöl im Kofferraum" ist sinnvoll, weil nutzenstiftend. Wenn wir heute von Service-Intervallen von 30.000 km oder mehr sprechen, ist die ständige Ölkontrolle mehr als zeitgemäß, ebenso das richtige Reserveöl im Kofferraum.

3. Das Öl über die Nutzenqualitäten für die Kunden verkaufen!
- Synthetiköle führen zur Spritersparnis. Das setzt aktives Beraten des Kunden in der Dialogannahme voraus.
- Zeigen Sie den Kunden die Vorteile eines guten Synthetiköls auf und die besondere Möglichkeit der Spritersparnis, welche mit der Verwendung des betreffenden Schmierstoffes verbunden ist.

4. Ölflagge zeigen!
- Häufig wird das „Renditejuwel" Öl versteckt. Gold kauft man beim Juwelier und der zeigt, was er hat, die Konsequenz: Schaffen Sie eine Öl-Identity für Ihr Hochleistungsmotorenöl durch gezielte Werbung.
- Sorgen Sie dafür, dass die Aufkleber bzw. Anhänger, auf denen der Zeitpunkt des letzten Ölwechsels bzw. der km-Stand eingetragen ist, gut sichtbar sind. Der Blick auf den „Ölwechselanhänger" gibt später die richtige Beratungsstrategie vor. Sind bereits 2/3 des Ölwechselintervalls festzustellen und macht die Nachfüllmenge z. B. einen Liter aus, so

kann eine solide Beratung nur einen vorgezogenen Ölwechsel offerieren.

5. Die Automobilhersteller und –importeure empfehlen für die Motoren Hochleistungs-Motorenöle!

- Setzen Sie diese Aussagen also aktiv im Verkaufsgespräch in der Dialogannahme ein, sprechen Sie mit den Kunden über diese Vorschriften.

6. Hochleistungsqualität auch in den Kundenrechnungen „verkaufen"!

- „3,5 l Synthetiköl inkl. gesetzlich vorgeschriebener, umweltgerechter Altölentsorgung", so lautet die Kundennutzen bezogene Argumentation.
- Bieten Sie jedem Kunden, der Öle über den Tresen kauft, die Rücknahme des Altöls an. Je nach Kaufmenge sollte man einen Schnellölwechsel als Komplettpaket zum Fixpreis offerieren. Wer gar einen Ölfilter kauft, sollte sofort ein Komplettpreisangebot für den Ölwechsel in der Werkstatt erhalten.

7. Richten Sie einen überfabrikatlichen „Ölschnelldienst" ein! Als Leistungspaket kann dieser um die/den:

- Ölwechsel mit kleiner Serviceinspektion (Oil & More!),
- Sichtkontrolle (Sicherheits-Check) des Fahrzeugs,
- Beratung zu allen Fragen, z. B. der KAT- und Rußpartikel-Nachrüstung usw. erweitert werden.

8. Alternativangebote für preisbewusste Kunden mit älteren Fahrzeugen!

- Lieber ein Mineralöl eingefüllt, als den Kunden verlieren. Es ist schon OK, wenn die Besitzer von Autos in den Segmenten II und III ein billigeres Produkt haben möchten. Ihre Service-Verkäufer sollten hier aktiv vorgehen und die Alternativmethode verwenden: „Sie können den Ölwechsel mit dem Produkt XY durchführen, das kostet XZ €, für nur ZZ € mehr bekommen Sie z. B. das Produkt Shell Helix, damit sparen Sie am Ende viel mehr als es kostet, weil es bis zu 5 % Sprit spart."

9. Schaffen Sie ein attraktives Mitnahme- und Nachfüllangebot!

- Sprechen Sie Kunden in der Dialogannahme direkt auf die Notwendigkeit an.
- Präsentieren Sie die Ware verkaufsfördernd in der Dialogannahme.
- Organisieren Sie auch eine Zweitpräsentation an der Kasse oder in der Kundenzone.

10. Ermitteln Sie ein attraktives Mitnahme- und Nachfüllangebot!

- Planen Sie die Absatzmenge des Folgejahres als festen Bestandteil in Ihr Budget ein.
- Kontrollieren Sie regelmäßig Ihr Ölgeschäft.